Albrecht Schöne

LICHTENBERG

136 f
141 f
107 f

50

ALBRECHT SCHÖNE

# Aufklärung
# aus dem Geist
# der Experimentalphysik

## LICHTENBERGSCHE
## KONJUNKTIVE

VERLAG C. H. BECK MÜNCHEN

CIP- Kurztitelaufnahme der Deutschen Bibliothek
*Schöne, Albrecht:*
Aufklärung aus dem Geist der Experimentalphysik:
Lichtenbergsche Konjunktive/Albrecht Schöne.
– München: Beck, 1982.
    ISBN 3 406 09087 7

ISBN 3 406 09087 7

Umschlagentwurf von Bruno Schachtner, Dachau
(Umschlagbild: Zeitgenössische Bleistiftzeichnung,
Georg Heinrich Wilhelm Blumenbach zugeschrieben)
© C. H. Beck'sche Verlagsbuchhandlung (Oscar Beck), München 1982
Gesamtherstellung: C. H. Beck'sche Buchdruckerei, Nördlingen
Printed in Germany

# INHALT

# Inhalt

# § 1

*„Rede, damit ich dich sehe!"* [1]:

## PHYSIOGNOMIK DES STILS

Der „gesunde Menschenverstand" empöre sich über die Behauptung, daß der große Newton auch „im Kopfe eines Labradoriers, der weiter nicht, als auf sechse zählen kann, und was drüber geht, unzählbar nennt, die Planeten gewogen und den Lichtstral gespaltet hätte". In den ‚Physiognomischen Fragmenten' des Zürcher Theologen Johann Caspar Lavater [2] hat der Göttinger Professor Georg Christoph Lichtenberg diesen Satz gelesen (im Oktober 1775 in London, wo die englische Königin ihm ihr Exemplar der weithin Aufsehen erregenden Neuerscheinung auslieh). [3] Das hat ihm keine Ruhe mehr gelassen.

Ende 1777 schrieb er, abwägend noch, in sein (nicht zur Veröffentlichung bestimmtes) Sudelbuch: „Es kann sein, daß keine Newtons-Seele in einem Neger-Kopf sitzen könne, das ist in einem Kopf, der am Senegal erzeugt wurde, aber in einem Europäer-Kopf, der so aussähe." [F 628] Wenig später, insistierend: „Wenn noch kein Newton vom Senegal gekommen ist, kann deswegen seine Seele nicht in einem europäischen Kopf wohnen der geformt ist wie jener"? [in F 848] Als „Niedersachsen von einer Raserei für Physiognomik befallen wurde", publizierte er im ‚Göttinger Taschen Calender' für 1778 seine Streitschrift ‚Ueber Physiognomik', um „einige Mittel gegen diese Seuche" zu verschreiben und zu zeigen, „daß man den Menschen aus seiner äußern Form nicht so beurteilen könnte, wie die Viehhändler die Ochsen" [4]. Er hatte allen Grund, zu fürchten, daß in den weiteren Bänden der ‚Physiognomischen Fragmente' ein solches Viehhändler-

Urteil auch über ihn selbst ergehen könnte. Porträts bekannter Zeitgenossen mit charakterologischen Deutungen hatte Lavater (ohne Wissen der Betroffenen und ohne Namensangaben) in großer Zahl schon aufgenommen in sein Werk; landauf landab vergnügte daraufhin das ‚Who is who?'-Spiel seine Leser. Mit Silhouetten der Professoren aber, Erinnerungsstücken für ihre Studenten, trieb man damals in Göttingen lebhaften Handel. Die konnten leicht in die Hände Lavaters und der Seinen gelangen, und Lichtenberg mußte Schlimmes erwarten für diesen Fall. Tatsächlich hat ein früher Verehrer Lavaters, der in Göttingen inskribierte schweizerische Theologiestudent Johann Georg Müller, 1780 einen ganzen Schwung solcher Schattenrisse an Johann Caspar Häfeli, einen Protegé des Meisters, nach Zürich geschickt. Auch Lichtenbergs Porträtsilhouette. Und Häfelis physiognomisches Urteil (im Antwortbrief an Müller) ließ an Deutlichkeit nicht zu wünschen: „ein Freß- Sauf- Huren- und Ehebrecher-Kinn und Mund"![5]

Lichtenbergs (in solcher Hinsicht: vorbeugende) Streitschrift ‚Ueber Physiognomik' ging wiederum auf den Newton-Fall ein, entschieden opponierend jetzt. „Was?", zitiert sie den Physiognomen, „Newtons Seele sollte in dem Kopf eines Negers sitzen können? Eine Engels-Seele in einem scheußlichen Körper? der Schöpfer sollte die Tugend und das Verdienst so zeichnen? das ist unmöglich." Gegen die „an Wahnsinn grenzende Vermessenheit" dieses physiognomischen Verdikts aber setzte Lichtenberg die Frage „Und warum nicht?", die aufs Problem der Theodizee sich richtete: „Bist du Elender, denn der Richter von Gottes Werken? [...] Willst du entscheiden, ob nicht ein verzerrter Körper, so gut als ein kränklicher, (und was ist Kränklichkeit anders als innere Verzerrung?) mit unter die Leiden gehört, denen der Gerechte hier, der bloßen Vernunft unerklärlich, ausgesetzt ist?"[6]

Lavater hatte ausdrücklich vom „Kopfe eines Labradoriers" gesprochen, den Eskimo also gemeint. In einer kleinen Schlußvignette unter dem fraglichen Abschnitt seiner ‚Physiognomischen Fragmente' zeigte er, abgewandt von den fein ziselierten, edlen Gesichtszügen einer Europäerin, freilich das Profilbild eines Mohren mit aufgeworfener Stubsnase und wulstigen Lippen.[7]

Diese Vignette offenbar hat dem scharfsichtigen Lichtenberg vor Augen gestanden, als er „Kopf des Negers" schrieb. Und daß er ans Bild sich hielt in seinen Gegenreden, also abging vom Wortlaut Lavaters, hat offenbar darin seinen Grund, daß der Stachel der Physiognomik ihm buchstäblich im eigenen Fleische saß. Denn „Newton" – das meinte die Mathematik, Physik und Astronomie: Lichtenbergs eigenes Geschäft. Und ein „verzerrter Körper, so gut als ein kränklicher" quälte ihn selber. „Apropos können Sie meinen Kopf brauchen?" fragt er in einem Billett vom September 1793 den Schädelsammler Blumenbach: „Ich bin ein Ottenwälder, die am Rhein auf der Stufenleiter der Civilisation mit den Saxenhäusern rangiren." Dieser verbuckelte kleine Naturwissenschaftler mit der stark ausgeprägten, vorgeschobenen Kinnlade und aufgeworfenen Lippen mußte der eigenen Physiognomie gewahr werden, als von „einem europäischen Kopf" die Rede ging, „der geformt ist wie jener [Kopf des Negers vom Senegal]". Wenn Lavater also ausschloß, daß der Geist Newtons in einem solchen Kopf hätte wirken können (der doch nach weit verbreiteter Ansicht einem Affen näher stand als dem zum Ebenbilde Gottes geschaffenen

Menschen[8]), dann rührte sein rassenphysiognomisches Dogma an die Grundfesten der Lichtenbergschen Identität.

Gegen den Schluß von „dicken Lippen" auf „Dummheit"[9] wandte der Betroffene ein, daß es allenfalls beim Viehzeug zulässig sei, von der äußeren Erscheinung aufs Innere zu schließen, und ein Unding, solches Verfahren auf Menschen zu übertragen. Denn „unser Körper", so parierte er, steht „zwischen Seele und der übrigen Welt in der Mitte, Spiegel der Wirkungen von beiden; erzählt nicht allein unsere Neigungen und Fähigkeiten, sondern auch die Peitschenschläge des Schicksals, Klima, Krankheit, Nahrung und tausend Ungemach".[10] Die „festen und unbeweglichen Teile, zumal die Form der Knochen", welche die menschliche Physiognomie bilden, seien allemal trügerische Indikatoren, weil die „Verbesserung des verbesserlichen Geschöpfs, die noch lange nachher Platz hat, nachdem diese ihre völlige Festigkeit erreicht haben," sie nicht mehr verändere.[11] Damit hob dieser Aufklärer Lavaters physiognomische Zeichenlehre aus den Angeln: „Perfektibilität oder Korruptibilität, die weiter nichts ist, als erstere in entgegengesetzter Richtung würkend, ist es eben, was den Menschen macht, und was ihn von dem Sprengel der Physiognomik auf ewig ausschließen wird."[12] Statt aus den Gesichtszügen trügerische Schlüsse auf die „Beschaffenheit des Geistes und Herzens"[13] zu ziehen, empfahl er deshalb, das Verhalten des Menschen zu beachten, seine mimisch-gestische und verbale Selbstdarstellung. Gegen die Physiognomik setzte er eine auf die Beobachtung von Mimik und Gestik gegründete „Semiotik"[13] der „pathognomischen Zeichen"[14], und Urteile über das Wesen eines Menschen oder den Charakter eines Volkes suchte er abzuleiten aus den Eigenarten seines Sprachgebrauchs.

Auf Sokrates hat er sich dabei berufen, welcher den auf die καλοκἀγαϑία eingeschworenen Griechen in eigner Per

son vor Augen führte, wie wenig doch ein mißgestalteter
Leib über die „Beschaffenheit des Geistes und Herzens" besagt[15]. Der nämlich ließ den schöngesichtigen Charmides
nicht die Kleider ablegen, damit er auch seinen Körper zeige,
sondern zog ihn ins Gespräch, damit er redend sein Wesen
offenbare. „Rede", so zitiert ihn der Antiphysiognom: „Rede, sagte Sokrates zu Charmides, damit ich dich sehe"![16]

Wie Lichtenberg meinte, daß die Eigenarten der Sprach-
verwendung zuverlässigere Indikatoren für die individuellen
Wesenszüge eines Menschen abgäben als die trügerischen
Körperzeichen, aus denen die Physiognomen ihre Schlüsse
zogen (gotteslästerlich nannte er die[17], weil er sie als inhu-
man verstand), so glaubte er auch kollektive Denkweisen
verläßlicher im Sprachgebrauch indiziert als in rassenphy-
siognomischen Merkmalen; „zehn Wörter aus der Sprache
eines Volkes", erklärte er, „sind mir mehr wert als 100 ihrer
Sprachorganen in Weingeist."[18] Mißtrauen lehrend gegen
alle Lehrsätze der Lavaterschen Physiognomik, wollte er die
physiognomische Zeichendeutung einzig auf dem Aus-
drucksfeld der Sprache gelten lassen und notierte so im Dezember 1777 für die Vorrede an den Leser zur zweiten Auflage seiner Streitschrift ‚wider die Physiognomen':

„Allein einen klaren Satz der Physiognomik will ich dich
lehren, es ist Physiognomik des Stils." [in F 802]

Freilich blieb es bei diesem Aperçu. Weder in theoretisch-
systematischer noch in praktisch-empirischer Hinsicht hat
Lichtenberg eine „Physiognomik des Stils" zu entwickeln
versucht (oder vermocht), die dem Anspruch eines solchen
Begriffs genügte. Wo er sich überhaupt äußerte über den
möglichen diagnostischen Wert stilphysiognomischer Beobachtungen des Sprachgebrauchs, beließ er es bei unbestimmten Hinweisen auf den vorläufigen Glaubwürdigkeitsgrad
der Aussage[19] oder die subjektive Aufrichtigkeit des Sprechers[20].

Ein einziges Mal, soweit ich sehe, hat er darüber hinaus aus der ‚Physiognomie‘ des Stils ausdrücklich auf eine spezifische Denkweise des Schreibenden geschlossen. Die Prosa Johann Georg Zimmermanns, der sich als apodiktischer Fürsprecher Lavaters geäußert hatte, charakterisierte Lichtenberg 1779 mit den Angaben: „Lauwinen von Kernwörtern und phrasibus heroicis"; Superlative, „wo eigentlich der Positivus hingehört"; „der Krafthase diktiert", im „süßen Gefühl eigener Größe nicht gestört". „Jedermann", erklärt er da, „der sich etwas auf Physiognomik in diesen Dingen versteht [in der Handschrift verbessert aus „Physiognomik des Stils"] wird in den Werken des Herrn Leib-Arzts [...] eine gewisse Stärke andeutende Hartleibigkeit der Prosaischen Muse des Herrn Verfassers entdecken". Und diese satirische Metapher meinte offenbar eine autoritäre Grundhaltung und dogmatische Denkweise, die der Stildiagnostiker an Zimmermanns Sprachgebrauch glaubte ablesen zu können.[21] Den anthropologischen Ermöglichungsgrund eines solchen stildiagnostischen Verfahrens hat 70 Jahre später Schopenhauer zu verdeutlichen gesucht. Er wiederholte, daß der Stil „die Physiognomie des Geistes" darstelle, daß er, „untrüglicher, als die des Leibes"[22], Rückschlüsse auf die Denkweise zulasse, und bezog sich dafür offenbar auf Lichtenbergs Bemerkung, man müsse die Menschen lehren, „*wie* sie denken sollen und nicht ewig hin, *was* sie denken sollen" [in F 441]: „Von diesem *Wie* des Denkens", so führt er aus, „ist ein genauer Abdruck sein Stil. Dieser zeigt nämlich die formelle Beschaffenheit aller Gedanken eines Menschen, welche sich stets gleichbleiben muß; *was* und *worüber* er auch denken möge. Man hat daran gleichsam den Teig, aus dem er alle seine Gestalten knetet, so verschieden sie auch seyn mögen."[22]

Eine stilphysiognomische Methodenlehre hat Lichtenberg nicht hinterlassen. Aus seinem Begriff einer „Physiognomik des Stils" aber läßt sich mit einiger Sicherheit doch ableiten,

daß ein Verfahren ihm vorschwebte, welches der physiognomischen Praxis grundsätzlich entsprach: Wie die Physiogno-
miker sich nicht eigentlich um eine vollständige Erfassung
der körperlichen Erscheinung bemühten, ihre Aufmerksamkeit vielmehr auf prägnante Einzelzüge richteten, die durch
Abweichung vom Normalbefund als eigenartige Körperzeichen auffallen und dadurch individualcharakteristische
Rückschlüsse zu ermöglichen scheinen, so zielte Lichtenbergs Gegenentwurf offenbar auf eine Stildiagnose, welche
ihre Befunde nicht etwa im Sinne einer sprachanalytischen
Ganzheitsmethode aus der Gesamtheit der lexikalischen,
grammatischen, phonetischen Elemente eines Textes oder
Œuvre, sondern allein aus dem anscheinend symptomati-
schen Detail erhebt, allen unauffälligen (obligatorischen und
konventionellen) Sprachgebrauch hingegen unberücksichtigt ließe. Das schränkt den Zuständigkeits- und Geltungs-
bereich seiner „Physiognomik des Stils" erheblich ein. Vom
Gängigen und Gewohnten abweichende und insofern eigen-
artig-charakteristische Züge sind ja keineswegs fester Be-
standteil der Ausdrucksweise jedes Sprechenden oder
Schreibenden. Wie eine an Normabweichungen orientierte
Beobachtung anderer Ausdrucksfelder (der Kleiderwahl etwa, der Körperhaltung, Bewegungsweise oder Handschrift)
verspricht deshalb auch die stilphysiognomische Untersuchung des Sprachgebrauchs Aufschlüsse über Denkweisen
durchaus nicht in jedem Fall. „Es gibt Menschen", notierte
Lichtenberg schon 1770, „die sogar in ihren Worten und
Ausdrücken etwas Eigenes haben." Als Regelfall verstand er
das also nicht, schrieb: „s o g a r in ihren Worten und Ausdrücken" und fügte hinsichtlich der bevorzugten Ausdrucksfelder hinzu: „(die meisten haben wenigstens etwas,
das ihnen eigner ist)" [in A 138].

Er selber aber gehörte zu den „Menschen, die sogar in
ihren Worten und Ausdrücken etwas Eigenes haben". Und
seiner eigenen Empfehlung: „solche Menschen sind allzeit

einer Aufmerksamkeit würdig, es gehört viel Selbstgefühl und Unabhängigkeit der Seele [dazu] bis man soweit kommt", folgt der hier vorgelegte Versuch, indem er das Leistungsvermögen und die Reichweite einer „Physiognomik des Stils" an den Schriften eben dessen erprobt, der diesen „einen klaren Satz der Physiognomik" als ihren einzigen wollte gelten lassen.

Wer nicht nach Lavaterscher Manier aus der vorgeschobenen Kinnlade oder den aufgeworfenen Lippen des bucklig Mißgestalteten charakterologische Rückschlüsse ziehen will, sondern, Lichtenbergs eigenem Vorschlag entsprechend, aus den Eigenarten seines Sprachgebrauchs Einsichten zu gewinnen sucht in die fundamentalen Positionen seiner Denkweise, wird die Kriterien bedenken müssen, nach denen das ‚Eigenartige' hier auszumachen wäre. Von ‚Lawinen' bestimmter Wörter und Wendungen hat Lichtenberg in seiner stilphysiognomischen Analyse der Schriften Zimmermanns gesprochen, eine Häufigkeitsangabe also gemacht. Im Unterschied zu einer auf die körperliche Erscheinung bezogenen Physiognomik, die es angesichts jedes Probanden doch nur mit dessen einer, einziger Stirn, Nase und Kinnlade zu tun hat, ist die „Physiognomik des Stils" allemal mit einer Fülle gleichartiger Wörter und Wortformen, Sätze und Satzstrukturen konfrontiert. Eher als die Beobachtung des auffälligen Singulären erscheint die des auffällig sich Wiederholenden dieser quantitativen Eigenart des sprachlichen Ausdrucksfeldes angemessen. Lichtenbergs eigene Schriften wiederum ziehen die Aufmerksamkeit einer von Verwendungshäufigkeiten ausgehenden stilphysiognomischen Analyse stärker auf den Bereich der Grammatik als auf den der Lexik: auf eine ungewöhnliche Frequenz bestimmter grammatischer Formen und syntaktischer Konstruktionen. Entschiedener nämlich und bedeutsamer als in jeder anderen Hinsicht heben seine Texte durch den Gebrauch des K o n j u n k t i v s vom Gängigen und Gewohnten sich ab.

# § 2

"Der eine wirft Hirse-Körner
durch ein Nadel-Öhr"[23]:

## KONJUNKTIV-STATISTIK

Lichtenbergs Schriften umfassen naturwissenschaftliche Arbeiten geringen oder allenfalls mittleren Umfangs; weiterhin
Aufsätze, Artikel und Miszellen mit sehr verschiedenem Inhalt, die er für den von ihm herausgegebenen ,Göttinger
Taschen Calender' und das ,Göttingische Magazin der Wissenschaften und Literatur' verfaßte; einige Fabeln dann, Ge-
legenheitsgedichte und Entwürfe zu Erzählungen; Tage-
buchnotizen schließlich und Briefe. Sieht man ab vom Son-
derfall seiner auf die Bildvorlagen gestützten umfangreiche-
ren Erklärungen zu Kupferstichen von Chodowiecki und
Hogarth, erscheint eigentlich alles, was er hinterlassen hat,
als Kleinzeug und Stückwerk. Das gilt schon gar für die den
Zeitgenossen vorenthaltenen Aufzeichnungen, die, nach seinem Tode bekanntgemacht, erst in unserem Jahrhundert als
sein heimliches Hauptwerk erkannt worden sind: für die
sogenannten Sudelbücher, in die er über nahezu drei Jahr-
zehnte hin vermischte Gelegenheitsnotizen eingetragen hat –
räsonierende Exzerpte und Gesprächsaufzeichnungen, Beobachtungen, Einfälle, Entwürfe, Aphorismen, meist nur
wenige Zeilen umfassend, selten länger als eine Druck-
seite.[24]
Diese Sudelbücher sind eine wahre Schatzkammer von
Konjunktiven: Von den insgesamt 8036 Texten, die sie in
der Promies-Ausgabe umfassen, enthalten 2277, also 28,3%
ein oder mehrere Konjunktivmorpheme.[25] Doppeldeutige,

also modusambivalente Formen wurden dabei nicht mitge-
zählt. Vor allem aber blieben (ebenso wie bei den folgenden
statistischen Angaben) all die Fälle unberücksichtigt, in denen anstelle des Konjunktivs andere sprachliche Mittel in
vergleichbarer semantischer Funktion verwendet werden.
Würde man die hier einbeziehen, so dürften sich nach vor-
sichtiger Schätzung höchstens 20% der Sudelbuchnotizen
als nicht-‚konjunktivisch‘ formuliert erweisen.

Der am Gebrauch des grammatischen Instrumentariums
in aller Regel doch uninteressierte Leser mag Modusmorpheme grundsätzlich unter jene „vermeintlichen Kleinigkeiten“ rechnen, welche man nach Lichtenbergs Worten „für
so natürlich und leicht hält, daß man glaubt, es *wäre* gar
nicht möglich, daß es anders sein *könnte*“ [in K 65].[26] Auch
unter dieser Voraussetzung aber machen sich Lichtenbergs
Sudelbuch-Konjunktive wohl durch die außerordentliche
Häufigkeit ihrer Verwendung bemerkbar. Denn das Auffällige bemißt sich nach dem Grad seiner Abweichung vom
Gewohnten – für den heutigen Leser: vom heute Üblichen.
Der ist in diesem Fall durch vergleichende Zählung be-
stimmbar. Zahlenangaben zum Gebrauch des Konjunktivs
in der deutschen Sprache der Gegenwart sind 1971 von Siegfried Jäger vorgelegt worden.[27] Anhand eines aus der Belletristik, Trivialromanen, wissenschaftlichen und populärwis-
senschaftlichen Werken und politischen Nachrichten aus
Tageszeitungen der Jahre 1950–1966 zusammengestellten
Textcorpus hat er dafür 82 400 finite Verbformen ausgezählt.[28] Seine den heutigen schriftsprachlichen Gebrauch betreffenden Ergebnisse werden in den folgenden Zusammenstellungen und Überlegungen unter der Angabe ‚um 1960‘
angeführt (als dem mittleren Abfassungsdatum der von ihm
ausgezählten Texte).

Eine „Physiognomik des Stils“ hat freilich historische
Rücksicht zu nehmen. Sie muß mit Veränderungen in der
Verwendungshäufigkeit auch der Modusmorpheme rechnen

und müßte quantitative Abweichungsbefunde, auf die ihre Qualitätsbestimmungen sich gründen sollen, also anhand der jeweils zeitgenössischen Häufigkeitsnormen ausweisen. Zahlenangaben zum Gebrauch des Konjunktivs in Lichtenbergs eigener Zeit liefert eine Studie von Gunhild Engström-Persson.[29] Anhand eines (gleichfalls) aus der Belletristik, der Trivialliteratur, der wissenschaftlichen Literatur und Zeitungen der Jahre 1790–1810 zusammengestellten Textcorpus hat auch sie 82 500 finite Verbformen ausgezählt.[30] Ihre den schriftsprachlichen Gebrauch zu Lichtenbergs Zeit betreffenden statistischen Ergebnisse werden in den folgenden Zusammenstellungen und Überlegungen unter der Angabe ‚um 1800‘ angeführt (als dem mittleren Abfassungsdatum der von ihr ausgezählten Texte).

Lichtenbergs Sudelbücher sind freilich nicht gattungsgleich mit den ‚Textsorten‘, auf die sich Jägers und Engström-Perssons Zählungen beziehen, und der Sprachgebrauch – das muß man angesichts der folgenden Zahlenangaben einschränkend bedenken – wird (auch) durch die Gattung bestimmt. Immerhin gibt die Vielfalt der Lichtenbergschen Gelegenheitsnotizen unterschiedliche Gattungsaffinitäten zu erkennen, die sich den hier zum Vergleich benutzten (aus belletristischen, wissenschaftlichen, journalistischen Texten gemischten) Corpora jedenfalls nähern.

Um zureichend verläßliche Quantitätsvergleiche mit den entsprechenden Angaben bei Jäger und Engström-Persson zu ermöglichen, sind in den Sudelbüchern 473 Seiten ausgezählt worden, die mit rechnerisch ca. 16 500 finiten Verbformen 20% des bei Jäger und Engström-Persson zugrunde liegenden Finita-Bestandes (82 400 bzw. 82 500) enthalten.[31] Deren Zahlenangaben für den Konjunktivgebrauch um 1960 und um 1800 wurden auf jeweils 20% zurückgerechnet, um sie mit den Lichtenberg-Befunden kompatibel zu machen. Auf den damit gewonnenen absoluten Zahlen, welche ausschließlich eindeutige Konjunktivmorpheme, nicht aber modusambivalente Formen erfassen, beruhen die folgenden Angaben.

Von jeweils 16 500 finiten Verben stehen im Konjunktiv

| | | |
|---|---|---|
| um 1960 | 1111 | (= 6,7% aller Finita), |
| um 1800 | 1366 | (= 8,3% aller Finita), |
| bei Lichtenberg | 2023 | (= 12,3% aller Finita). |

Die Konjunktivhäufigkeit insgesamt liegt in den Sudelbüchern also erheblich über dem durch Engström-Persson ausgezählten Durchschnitt des schriftsprachlichen Gebrauchs zu Lichtenbergs Zeit, der seinerseits noch merklich höher lag als der von Jäger festgestellte Durchschnitt im schriftlichen Gegenwartsdeutsch.

Dabei zeigen sich nun sehr beträchtliche Unterschiede hinsichtlich der Verwendung von Konjunktiv I- und Konjunktiv II-Morphemen. Von jeweils 16 500 finiten Verben stehen nämlich im Konjunktiv I

| | | |
|---|---|---|
| um 1960 | 460 | (= 2,8% aller Finita), |
| um 1800 | 630 | (= 3,8% aller Finita), |
| bei Lichtenberg | 371 | (= 2,2% aller Finita). |

Im Konjunktiv II hingegen erscheinen von jeweils 16 500 finiten Verben

| | | |
|---|---|---|
| um 1960 | 651 | (= 3,9% aller Finita), |
| um 1800 | 736 | (= 4,5% aller Finita), |
| bei Lichtenberg | 1652 | (= 10,0% aller Finita). |

Während also die Konjunktiv I- wie die Konjunktiv II-Verwendung zu Lichtenbergs Zeit gleichermaßen deutlich über dem Häufigkeitsdurchschnitt des gegenwärtigen Sprachgebrauchs lagen, hat Lichtenberg selbst den Konjunktiv I entschieden seltener benutzt, den Konjunktiv II hingegen weitaus häufiger. Das wird noch offensichtlicher, wenn man die Anteile beider Morphemklassen am jeweiligen Gesamtbestand der Konjunktive berechnet. Der Konjunktiv I erreicht

|  |  |
|---|---|
| um 1960 | 41,4% aller Fälle von Konjunktiv-verwendungen, |
| um 1800 | 46,1% aller Fälle von Konjunktiv-verwendungen, |
| bei Lichtenberg | 18,3% aller Fälle von Konjunktiv-verwendungen. |

Entsprechend aber umfaßt der Anteil des Konjunktivs II

|  |  |
|---|---|
| um 1960 | 58,6% aller Fälle von Konjunktiv-verwendungen, |
| um 1800 | 53,9% aller Fälle von Konjunktiv-verwendungen, |
| bei Lichtenberg | 81,7% aller Fälle von Konjunktiv-verwendungen. |

Dieser auffällige Befund einer vergleichsweise sehr niedrigen Konjunktiv I- und außerordentlich hohen Konjunktiv II-Frequenz in den Sudelbüchern beruht auf einer für die „Physiognomik" des Lichtenbergschen Stils offenbar höchst aufschlußreichen Verwendung von Konjunktiven einerseits in indirekter Rede, andererseits in Fragesätzen und im Konditionalgefüge.

Der Konjunktiv I erscheint am weitaus häufigsten in indirekter Rede. Das gilt für alle drei Corpora: Um 1960 finden sich 92,4%, um 1800 76,8%, bei Lichtenberg 72,8% aller Konjunktive I in dieser Position. Der Sprachgebrauch bei indirekter Rede ist allemal von entscheidender Bedeutung für die Gesamtzahl der Konjunktiv I-Verwendungen und bestimmt also auch deren auffallend niedrige Frequenz in den Sudelbüchern. In absoluten Zahlen ausgedrückt, entfallen unter jeweils 16500 finiten Verbformen auf den Konjunktiv I in indirekter Rede

|  |  |
|---|---|
| um 1960 | 425 Fälle, |
| um 1800 | 484 Fälle, |
| bei Lichtenberg | 270 Fälle. |

Für den in indirekter Rede verwendeten Konjunktiv II hingegen stehen unter jeweils 16500 finiten Verben

| | |
|---|---|
| um 1960 | 114 Fälle, |
| um 1800 | 90 Fälle, |
| bei Lichtenberg | 269 Fälle. |

Seine Zunahme in den indirekten Reden der Sudelbücher entspricht dem Rückgang des Konjunktivs I an dieser Stelle so genau, daß die Gesamtzahl der Konjunktivverwendungen (I und II) bei indirekter Rede in allen drei Corpora nahezu gleich bleibt:

| | |
|---|---|
| um 1960 | 539 Fälle, |
| um 1800 | 574 Fälle, |
| bei Lichtenberg | 539 Fälle. |

Der Konjunktiv II erscheint am weitaus häufigsten im Konditionalsatz. Wiederum gilt das für alle drei Corpora: Um 1960 finden sich 63%, um 1800 80,6%, bei Lichtenberg 78,5% aller Konjunktive II in diesem Kontext. Die Verwendung ‚irrealer' Konditionalsätze (bei Engström-Persson: ‚hypothetische Sätze' und ‚Sätze modesten Inhalts', nämlich unvollständige Konditionalgefüge, die Unverbindlichkeit, Vorsicht, Höflichkeit ausdrücken) ist allemal von entscheidender Bedeutung für die Gesamtzahl der Konjunktiv II-Verwendungen und bestimmt also auch deren außerordentlich hohe Frequenz in den Sudelbüchern. In absoluten Zahlen ausgedrückt, entfallen unter jeweils 16500 finiten Verbformen auf den Konjunktiv II in ‚hypothetischen Sätzen und Sätzen modesten Inhalts'

| | |
|---|---|
| um 1960 | 410 Fälle, |
| um 1800 | 593 Fälle, |
| bei Lichtenberg | 1297 Fälle. |

Welche (quantitative) Bedeutung dem Konditionalsatz zukommt für Lichtenbergs Konjunktivgebrauch zeigen die prozentualen Verhältnisse. Auf die oben notierten Gesamtzahlen der Verwendung von Konjunktivmorphemen (I und II) bezogen, beträgt der Anteil des Konjunktivs II in Konditionalgefügen (bzw. ‚hypothetischen Sätzen und Sätzen modesten Inhalts‘)

| | | |
|---|---|---|
| um 1960 | 36,9% | ( 410 von 1111 Fällen), |
| um 1800 | 43,4% | ( 593 von 1366 Fällen), |
| bei Lichtenberg | 64,1% | (1297 von 2023 Fällen). |

Voreilige Schlüsse sollte man aus diesen Zählergebnissen nicht ziehen. Sie geben zunächst nichts anderes an als durchschnittliche Häufigkeiten bei der Verwendung von Konjunktivmorphemen und bezeichnen damit etwas an Lichtenbergs Sprachgebrauch Auffälliges, insofern sich das Auffällige nach dem Grad seiner Abweichung vom Gewohnten bestimmt. Der bloße Tatbestand, daß etwas häufig vorkommt, selbst daß es irgendwo häufiger erscheint als gewohnt, besagt nicht im geringsten, daß es zugleich auch wichtig sei. Lichtenbergs Konjunktive zu untersuchen, fordert die Fragen heraus, die er angesichts solcher „vermeintlichen Kleinigkeiten" selber erhob: „sind das nicht Subtilitäten? braucht man das zu wissen?" [in K 65] Geantwortet hat er darauf: „gerade an diesen simpeln Fällen müssen wir die Operationen des Verstandes kennen lernen. Wollen wir dieses erst bei dem Zusammengesetzten tun, so ist alle Mühe vergebens. Diese leichten Dinge schwer zu finden, verrät keine geringen Fortschritte in der Philosophie. – Was aber das andere anbetrifft, so antworte ich: Nein! man braucht es nicht zu wissen; aber man braucht auch kein Philosoph zu sein." (Wußte schon, was das ist: „ein erbärmliches Gezänk zwischen Philosophie und Grammatik." [in L 974])

# § 3

*„jeder Schnitzer gegen die Wahrheit*
*auch ein Grammaticalischer"?*[32]:

## SCHWIERIGKEITEN DER LINGUISTEN
## BEIM KONJUNKTIV

Unregelmäßigkeiten in der Formenbildung (durch schwankende Behandlung des Stammvokals) und Unsicherheiten bei der Formbestimmung (durch Modusambivalenz der dem Indikativ gleichlautenden Bildungen) sind nicht die einzigen Komplikationen, die der deutsche Konjunktiv macht. Hinsichtlich der Frage, unter welchen Bedingungen und zu welchen Zwecken Konjunktive verwendet werden können oder gar müßten, widersetzt sich der tatsächliche Sprachgebrauch (sehr uneinheitlich in regionaler und schichtenspezifischer Hinsicht, höchst unterschiedlich auch im mündlichen und schriftlichen Verkehr) den Regulierungsbemühungen der normativen Grammatiken ebenso entschieden wie den Systematisierungsversuchen der nurmehr deskriptiven.

Herkömmlicherweise wurden die aus dem Präsensstamm abgeleiteten Formen als ,Konjunktiv des Präsens', die nach dem Präteritumstamm gebildeten als ,Konjunktiv des Präteritums' bezeichnet. Aber der Zeitbezug der so unterschiedenen Konjunktivklassen, den diese Termini suggerieren, erschien den Grammatikern seit langem zweifelhaft. Zu Lichtenbergs Lebzeiten schon erklärte Adelung in seiner ,Deutschen Sprachlehre' (1781): „Das Imperfekt des Conjunctivs bedeutet nichts vergangenes, sondern etwas ungewisses theils gegenwärtiges theils zukünftiges"[33]. Daß in der Praxis die auf unterschiedliche Zeitreferenz der Konjunktive ge-

gründete alte Grammatikervorschrift einer Consecutio tem-
porum (welche entsprechend dem Tempus des Hauptsatzes
auch im Gliedsatz den Conjunctiv praesentis bzw. praeteriti
forderte) gründlich mißachtet und grundsätzlich ein dem
Indikativ gleichlautender, also unkenntlicher ‚Konjunktiv
des Präsens' durch den unverkennbaren ‚Konjunktiv des
Präteritums' ersetzt wird, deutet in der Tat darauf hin, daß
man solchen Konjunktiven in der Tempusfrage Neutralität
zuerkennt. Obgleich die temporale Relevanz der Konjunktivmorpheme grundsätzlich umstritten blieb[34], haben sich
deshalb tempusindifferente Bezeichnungen eingebürgert
(wie ich sie im § 2 schon verwendet habe): ‚Konjunktiv I' für
alle Verben und verbalen Gefüge, deren Finitum nach dem
Präsensstamm gebildet wird; ‚Konjunktiv II' für die entsprechenden Bildungen nach dem Präteritumstamm.

Begnügt man sich mit dieser grobschlächtigen Zwei-Klas-
sen-Ordnung der neueren Grammatiker, werden freilich unterschiedliche Formen unter den jeweils gleichen Begriff gefaßt (‚sie sage', ‚habe gesagt', ‚werde sagen' und ‚werde gesagt haben' = Konjunktiv I; ‚sie sagte', ‚hätte gesagt', ‚würde sagen' und ‚würde gesagt haben' = Konjunktiv II[35]). Zu
formaler Unterscheidung bediene ich mich deshalb im folgenden eines differenzierteren Katalogs:

| | |
|---|---|
| Konjunktiv I [Präs.] | (‚es werde geglaubt' ‚er bezweifle') |
| Konjunktiv I [Perf.] | (‚es sei geglaubt worden' ‚er habe bezweifelt') |
| Konjunktiv I [Fut. 1] | (‚es werde geglaubt werden' ‚er werde bezweifeln') |
| Konjunktiv I [Fut. 2] | (*‚es werde geglaubt worden sein' ‚er werde bezweifelt haben') |
| Konjunktiv II [Prät.] | (‚es würde geglaubt' ‚er bezweifelte') |

Konjunktiv II [Plusqu.]   (‚es wäre geglaubt worden‘
                           ‚er hätte bezweifelt‘)
Konjunktiv II [Kondit. 1] (‚es würde geglaubt werden‘
                           ‚er würde bezweifeln‘)
Konjunktiv II [Kondit. 2] (‚es würde geglaubt worden sein‘
                           ‚er würde bezweifelt haben‘).

Heftiger umstritten noch als die temporale Referenz der Konjunktive ist ihre modale. Nach herkömmlicher Auffassung bezeichnen die Modusmorphemklassen ein unterschiedliches Verhältnis der Satzaussagen zur (außersprachlichen) Realität. In Opposition zum Indikativ (welcher tatsächliche Sachverhalte feststelle oder behaupte, erfrage, ankündige, vorwegnehme usf.) signalisierten die Konjunktive eine nur erhoffte oder befürchtete; gewünschte, anbefohlene oder beabsichtigte; zugestandene und eingeräumte; unbestimmte, ungewisse, fragliche oder bezweifelte; bedingt mögliche oder nurmehr denkbare und vorgestellte Wirklichkeit oder Verwirklichung usf. Die jeweilige Entscheidung eines Sprechers/Schreibers in der Modusmorphemwahl wäre folglich (unter dem Aspekt der Produktion) davon abhängig und (unter dem Aspekt der Rezeption) dafür maßgeblich, wie er dieses Realitätsverhältnis einschätzt oder welche Einschätzung er dem Hörer/Leser zu vermitteln sucht. Eine solche ‚Realitätstheorie‘[36] setzt freilich Entscheidungsfreiheit bei der Wahl des Modusmorphems voraus, ist also zumindest nicht durchgängig vereinbar mit der durch normative wie deskriptive Grammatiken beförderten Ansicht, daß die Verwendung des Konjunktivs aus formalen Gründen obligatorisch sei, wo er (etwa als einziges Kennzeichen einer ohne verbum dicendi und einleitende Konjunktion formulierten indirekten Rede[37]) syntaktische Abhängigkeit indiziere. Desungeachtet sind aus der ‚Realitätstheorie‘ Folgerungen von ganz erheblicher Reichweite gezogen worden. Unter

dem langue-Aspekt de Saussures hat man im Sinn einer ver-
gleichenden Sprachpsychologie die Frage, ob im Formenvor-
rat einer Einzelsprache die Modusmorphemklasse des Konjunktivs vorgegeben sei oder nicht, zur Bestimmung und
Bewertung des Weltbildes von Sprachgemeinschaften benutzt.[38] Unter dem parole-Aspekt wurde der Konjunktivgebrauch eines Einzelsprechers/-schreibers als Indikator seiner
Denkweise verwendet und im Fall des Deutschen ein allge-
meiner Rückgang in der Verwendung dieser grammatischen
Kategorie schließlich zum Paradebeispiel kulturpessimisti-
scher Sprachkritik entwickelt.[39]

Häufig geben solche Morpheminterpretationen als autonome Funktion der morphologisch definierten Konjunktive
aus, was tatsächlich doch auf Kontextinformationen sich
stützt[40], und prinzipiell vernachlässigen sie den Tatbestand,
daß die den Modusmorphemen des Konjunktivs zugeschriebene und an ihnen abgelesene Grundbedeutung einge-
schränkter Gültigkeit doch auch durch andere sprachliche
Mittel angezeigt werden kann, welche verstärkend oder spe-
zifizierend mit dem Konjunktiv sich verbinden, ihn fallweise
ablösen oder überhaupt seine Stelle einnehmen können im
Funktionssytem einer Sprache oder sprachlichen Äußerung.
Modifizierende Verben, Substantive, Adverbien, Adjektive
und Partikeln wären das im Deutschen, Adverbialkonstruk-
tionen und modale Gefüge dann, Intonationen auch, Redesi-
tuationen und Gattungen. Sie alle gehören zum Formenvor-
rat von Mitteilungen, welche sich nicht auf die einfache Behauptung vermeintlich oder vorgeblich gesicherter, zwei-
felsfreier Tatsächlichkeit beschränken: sind, mit jeweils spe-
zifischer Leistung, Mittel eines ,nicht-assertorischen' Spre-
chens. Insofern erscheint schon die herkömmliche semantische Kontrastierung von Indikativ und Konjunktiv als unzu-
längliche, irreführende Konstruktion. Für das nicht-asserto-
rische, ,konjunktivische' Sprechen stellt die Klasse der Konjunktivmorpheme freilich ein besonders wichtiges und inter-

essantes Instrument dar, keineswegs jedoch das einzige oder
ein unentbehrliches. (Zur Verständigung mit dem Leser: Neben der Verwendung des Konjunktiv-Begriffs als formalgrammatische Kategorie benutze ich – in Ermangelung einer
an den allgemeinen Sprachgebrauch anschließenden anderen Bezeichnung – das gleiche Wort oder seine Ableitungen
im folgenden auch für die semantische Qualität, welche der
Morphemklasse der Konjunktive wohl als unscharfe Ge-
samtbedeutung zugeschrieben werden kann, aber keineswegs nur diesem einen sprachlichen Mittel eignet. Um Mißverständnisse auszuschließen, setze ich das Behelfsmittel des
metonymisch verwendeten Wortes dabei in einfache Anfüh-
rungszeichen und bitte, daß linguistische Standesbeamte
auch an einem ‚konjunktivischen‘ Indikativ so wenig Anstoß
nehmen möchten, wie ihre für präzise Personalangaben zu-
ständigen Kollegen etwa an der Redeweise von einem ‚weib-
lichen‘ Mann.)

Den damit angedeuteten Schwierigkeiten, welche der Gebrauch des Konjunktivs den Beschreibungs- und Erklä-
rungsversuchen der Sprachwissenschaft seit langem bereitet,
ist die neuere Linguistik freilich aus dem Weg gegangen,
indem sie eine systemimmanente Präzision ihrer Definitio-
nen und Operationen entwickelte, die auf strikter Isolierung
der sprachlichen Phänomene und einer radikalen Begren-
zung des Untersuchungsfeldes auf deren nurmehr ‚linguistische‘ Aspekte beruht. Aber was man damit außer Kraft setzte, war die in Aristoteles‘ ‚Nikomachischer Ethik‘ niederge-
legte Grundregel wissenschaftlichen Verfahrens, welche unterschiedliche Disziplinen nicht etwa dem gleichen Präzi-
sionsanspruch unterwirft (‚Es ist nämlich genau so unge-
reimt, vom Mathematiker Wahrscheinlichkeiten zu akzep-
tieren wie vom Rhetor denknotwendige Beweise zu
fordern‘), vielmehr auf jedem Felde wissenschaftlicher Betä-
tigung so viel Genauigkeit verlangt, wie der Charakter des

jeweiligen Gegenstandes es erlaubt und wie es dem Fortschritt der Erkenntnis förderlich ist[41]:

Gewiß hat der ebenso aufwendige wie präzise Beschrei-
bungsformalismus, der ihre kontrollierbare Intersubjektivi-
tät garantieren sollte, die Mitteilbarkeit neuerer sprachwis-
senschaftlicher Untersuchungen eingeschränkt. Einschnei-
dender noch sind die Folgen einer dogmatischen Bindung
vieler Linguisten an die Grundsätze der generativen Trans-
formationsgrammatik und ähnlicher Theorien, die ihren
Präzisionsgewinn dadurch erkaufen, daß sie sich per defini-
tionem unzuständig erklären für jederart realitätsbezogene,
soziale, ästhetische und spirituelle Bedeutungen der grammatischen Signale. Denn die externe Nutzung ihrer allzu-
leicht zum Selbstzweck geratenden Konstruktionen ist auf
diese Weise ganz offensichtlich behindert, wo nicht von
vornherein ausgeschlossen worden. Wohl sucht die Sprachwissenschaft inzwischen mit ,textlinguistischen', ,pragma-
linguistischen', ,soziolinguistischen' Ausgriffen ihr Interes-
senfeld wieder zu erweitern und ihre Präzisionsansprüche
dabei der Bedeutungsreichweite sprachlicher Phänomene
anzupassen.

Was jedoch die Linguistik des Konjunktivs betrifft, so gilt
nach wie vor die resignative Feststellung, die Manfred Bierwisch in seiner ,Grammatik des deutschen Verbs' formulierte: „Ob aber die Theorie des Konjunktivs überhaupt eine
rein grammatische Theorie sein kann, ist vorläufig nicht zu
entscheiden."[42] Karl-Heinz Bausch hat wiederholt und verdeutlicht: „Es ist zu bezweifeln, daß die Funktion des Konjunktivs überhaupt im Rahmen einer explizit grammatischen Theorie adäquat beschrieben oder erklärt werden
kann." Die „explizit grammatischen" Barrieren überstei-
gend, vermochte er freilich (am Ende seiner Untersuchungen
des Konjunktivs I aller Verbklassen sowie des synthetischen
Konjunktivs II von Vollverben im Bereich der öffentlich ,ge-
sprochenen deutschen Standardsprache') als sage und

schreibe einzige Leistung des Konjunktivs die „soziostilistische Funktion" einer „Prestigeform" mitzuteilen.[43] Nein, der Konjunktiv ist offenbar zu wichtig[44], als daß man ihn solchen Linguisten allein überlassen dürfte.

An der wechselseitigen Entfremdung von Literaturwissenschaft und Sprachwissenschaft (jedenfalls in deren bislang marktbeherrschenden neueren Spielarten) waren beide Betroffenen beteiligt, und ihre Berührungsängste haben nicht selten geradezu neurotische Züge angenommen. Entschieden abträglich scheint mir dieser Kontaktverlust jedenfalls für die Literaturwissenschaft. Was ich im folgenden versuche, soll deshalb darauf aufmerksam machen, daß es sich gelegentlich lohnen könnte, auf die Grammatik selbst dann zu achten, wenn man geistesgeschichtliche Fragen verfolgt. Eingedenk der Worte Noam Chomskys, „language is a mirror of mind in a deep and significant sense" (die er zwar nicht ‚generiert', wohl aber ‚transformiert' hat in die These, „that by studying language we may discover abstract principles that govern its structure and use, principles that are universal by biological necessity and not mere historical accident"[45]), will ich dabei notgedrungen in Kauf nehmen, daß mangels eines für meine Absichten durchaus überflüssigen formalisierten Beschreibungssystems, dessen Bestandteile explizite Elemente einer linguistischen Theorie wären, diejenigen Sprachwissenschaftler den vorliegenden Versuch nicht gutheißen können, deren formalisierte Beschreibungen kontextfreier Primitivsätze mit Verben der Konjunktivmorphemklasse umgekehrt dem Literarhistoriker nicht genügen dürften. Will zu beherzigen suchen, was der weitsichtige Herder schon 1768 bedachte: „Die Litteratur wuchs in der Sprache, und die Sprache in der Litteratur: unglücklich ist die Hand, die beide zerreißen, trüglich das Auge, das eins ohne das andere sehen will."[46]

# § 4

*„Die Mutter sagts, der Vater glaubts*
*und ein Narr leugnets"*[47]:

## KONJUNKTIVE IN INDIREKTER REDE

Lichtenbergs Sudelbücher sind Vorratskammern. Von dem, was er las oder gesprächsweise hörte, hat er vieles dort gespeichert, das ihm bedenkenswert erschien.

„Rousseau sagt: ein Kind das nur seine Eltern kennen lernt, das kennt auch diese nicht. Sehr schön und wahr."
[J 433]

Ob der auf die Redeeinleitung folgende Satz die Worte Rousseaus denn wörtlich zitiert oder sie etwa nur sinngemäß referiert, gibt diese Notiz nicht zu erkennen. Was ihr Doppelpunkt immerhin vermuten läßt, bestätigt sich aber beim Nachschlagen: Lichtenberg übersetzt (aus dem 5. Buch des ‚Émile‘ – „L'enfant qui ne connait que ses parents, ne connait guères ceux-ci"). Er hätte also auch Anführungsstriche verwenden können. Wo man auf solche Weise das Instrument direkter Rede benutzt, bleibt innerhalb des referierten Textstücks aus dem Spiel, was man selbst von den zitierten Worten hält. Wollte jemand eine eigne Ansicht dazu äußern, müßte er sie in der Redeeinleitung vorbringen oder dem Zitat ausdrücklich hinzufügen. So geschieht das hier: „Sehr schön und wahr."
Andere Möglichkeiten einer Stellungnahme des Referenten aber stellt offenbar das Instrument der indirekten Rede bereit. Ich führe drei Beispiele vor:

„Herr Prof. Herrenschneider hat von Herschel und seiner Schwester selbst gehört daß der neue Spiegel zum großen Teleskop 2500 Pfund *wiegt.*" [J 1583]

„Dr. Forster sagt, die Vielweiberei *bringe* mehr Mädchen als Knaben hervor. Diese Behauptung (in wie weit sie gegründet ist, weiß ich nicht) bestätigt eine alte Meinung von mir, daß es sich mit dem menschlichen Geschlecht verhalte, wie mit dem einzelnen Menschen. Es bequemt sich zu allem." [in G 104]

„Die Leute, die an den wunderbaren Eigenschaften dieses Harzes [Federharz = Kautschuk] noch nicht Wunders genug haben, wollen versichern, daß eine Kugel aus demselben verfertigt, gemeiniglich, wenn man sie fallen ließe, höher *spränge,* als sie gefallen wäre. Sie haben aber nicht bedacht, daß eine solche Kugel endlich aus der Welt hinausspringen müßte."[48]

Im ersten Fall erscheint hier der Indikativ [des Präsens], im zweiten der Konjunktiv I [Präs.], im dritten der Konjunktiv II [Prät.]. Darüber hinaus enthalten die (daraufhin ausgewählten) Beispielfälle nun ausdrückliche, lexikalische Mitteilungen über den Wahrheitswert, den der Referent den referierten Äußerungen beimißt. Sie machen offenbar die Voraussetzungen kenntlich, auf denen die jeweils unterschiedliche Wahl des Modusmorphems beruht. Dem Hinweis, daß Herrenschneiders Angabe über Herschels Spiegelteleskop vom Hersteller und seiner Schwester „selbst" herstamme, also als zuverlässig zu betrachten sei, folgt im ersten Fall der Indikativ. Der Bemerkung hingegen, daß im bezug auf Forsters Äußerung der Referent selber nicht sicher wisse, „in wie weit sie gegründet ist", entspricht im zweiten Fall der Konjunktiv I [Präs.]. Dem Nachsatz schließlich, der die Versicherung der Wunderglaubigen als offensichtlich haltlos zu verstehen gibt, korrespondiert im dritten Fall der Konjunktiv II [Prät.]. Gesichertes also oder Akzeptables doch referiert Lichtenbergs indirekte Rede hier im Indikativ; Unverbürgtes im Konjunktiv I; Unrichtiges oder Zweifelhaftes und nurmehr Denkmögliches im Konjunktiv II. Diese Zuordnung der Modusmorpheme zu den unterschiedlichen Einschätzungen des Geltungsgrades der in indirekter Rede mitgeteilten fremden Äußerungen durch den Referenten entspricht den vorherrschenden normativen Bestimmungen der Grammatiker.[49] Hier scheint sich tatsächlich der Wunsch zu erfüllen, den Lichtenberg in den ‚Prolegomena‘ seiner Physik-Vorlesung äußerte: daß es nämlich eine Sprache geben möge, „worin man eine Falschheit gar nicht sagen könte, oder wo wenigstens jeder Schnitzer gegen die Wahrheit auch ein Grammaticalischer wäre.“[50]

Eben diese Zuordnung aber ist entschieden bestritten worden. Indirekte Rede wird dadurch definiert, daß der die Fremdäußerung referierende Satz ein Finitum im Konjunktiv I enthält oder müßte enthalten können.[51] Wenn indirekte Rede bereits durch ein im regierenden Satz tatsächlich gegebenes oder zu unterstellendes Verb des Sagens, Denkens, Wahrnemens (‚Jemand hat mir gesagt, …‘) und die ihm korrespondierende Konjunktion (‚daß …‘) markiert wird, ist nach sprachlichem Gewohnheitsrecht sehr wohl auch der Indikativ zulässig. Aber er wäre dann ohne Sinnverschiebung durch den Konjunktiv I ersetzbar. Dort nun, wo dessen Modusmorphem nicht zureichend abweicht vom Indikativ, also nicht mehr eindeutig wahrgenommen werden kann, tritt eine Ersatzregel in Kraft, wird nämlich ‚automatisch‘ der unverkennbare Konjunktiv II gesetzt – wahlweise dann, wenn ein Konjunktiv als zusätzliches und also fakultatives, zwangsweise dann, wenn er als einziges und damit offenbar obligatorisches Signal für indirekte Rede fungiert. Dieser formale Automatismus aber scheint mit der zuvor erwähnten Funktion des Konjunktivs als Ausdruck inhaltlicher Geltungseinschätzung durch den Referenten schwer vereinbar. Fordert bereits die freigestellte (nicht mehr durch Redeein-

leitung kenntlich gemachte und konjunktionslose) indirekte
Rede den Konjunktiv I, so kann dessen Modusmorphem jedenfalls nicht (in Opposition zum Zustimmungsmodus des
Indikativs) als ein notwendiges und sicheres Zeichen für die
Mitteilung ohne Gewähr verstanden werden. Fordert bereits
die Morphemidentität eines Konjunktivs I mit dem Indikativ
den Ersatz durch Konjunktiv II, so kann dessen Modusmorphem jedenfalls nicht (in Opposition zum Indikativ und
Konjunktiv I) als ein notwendiges und sicheres Zeichen für
die Mitteilung bezweifelter oder als unzutreffend erachteter
Äußerungen gelten. Beidemal würden formalgrammatische
Erfordernisse den Referenten zwingen, sich vom Inhalt des
referierenden Satzes auch dann zu distanzieren, wenn er ihm
tatsächlich zustimmt.[52] Wollte man aber dahingehend ein-
schränken, daß der Konjunktiv II in indirekter Rede nur
dann als ein Signal bewußter Distanzierung zu dienen ver-
möge, wenn er nicht als Ersatz eines modusambivalenten
Konjunktivs I erscheint[53], müßte man folgerichtig unterstellen, daß die im Konjunktiv beschlossene Einschätzung des
Geltungsgrades durch den Referenten vom Hörer oder Leser
doch dann nur erfaßt werden könnte, wenn der zuvor die
grammatische Ersatzprobe veranstaltete und feststellte, ob
sich ein substituierter Konjunktiv I vom Indikativ des Fini-
tums zureichend hätte unterscheiden lassen oder nicht.

Eine ganze Reihe von Grammatikern hat diese Schwierigkeiten dadurch beiseite zu räumen versucht, daß sie den
Konjunktiven der indirekten Rede semantische Differenzie-
rungsfunktionen generell aberkannte und sie nurmehr als
Signale für das syntaktische Abhängigkeitsverhältnis, als
bloße ‚Zitierzeichen' (besser: Referierzeichen) ausgab.[54]
Diese rigorose These läßt sich nun zweifelsfrei falsifizieren.

Ein für ihre Überprüfung besonders geeigneter Bereich des
Sprachgebrauchs ist offenbar die politisch-propagandisti-
sche Nachrichtenübermittlung, weil man dort einen hohen

Grad an Aufmerksamkeit hinsichtlich der Verwendung von Zustimmungs- oder Ablehnungssignalen voraussetzen darf. Auf eben diesem ideologisch sensibilisierten Feld liefert eine Untersuchung von Karl-Ernst Sommerfeld ,Zur Parteilichkeit bei der Wiedergabe vermittelter Äußerungen'[55] einige statistische Angaben, die ich hier wiedergebe und auszuwerten versuche.

Ihre Zählungen der Modusmorpheme indirekter Rede im Gegenwartsdeutsch ergeben

(1.) dort, wo es sich um politische Reden, Debatten und Pressetexte aus der Bundesrepublik Deutschland handelt, für die finiten Verbformen

im Indikativ 18,0%, im Konjunktiv 82,0%.[56]

Dabei handelt es sich nach Sommerfelds Angabe um die (statistisch hier nicht unterschiedene) Wiedergabe der Äußerungen von „progressiven und reaktionären Informanden" (gemeint: Informanten).

Von diesen Prozentzahlen heben sich nun zwei weitere Zählungen mit höchst aufschlußreichen Ergebnissen ab. Sie betreffen den Modusgebrauch in Artikeln der DDR-Zeitung ,Neues Deutschland. Zentralorgan der Sozialistischen Einheitspartei Deutschlands' und unterscheiden hier die Wiedergabe von ,Freund- und Feind'-Äußerungen. Handelt es sich

(2.) um referierende Berichte über „Reden von Vertretern imperialistischer Staaten", so ergeben sich bei indirekter Rede mit einem verbum dicendi im regierenden Satz für die finitiven Verbformen

im Indikativ 14,5%, im Konjunktiv 85,5%.

Entsprechend bei indirekter Rede ohne verbum dicendi im regierenden Satz aber

im Indikativ 7,4%, im Konjunktiv 92,6%.[57]

Wo es im ,Neuen Deutschland' hingegen

(3.) um Wiedergaben von Äußerungen „aus sozialistischen Staaten und jungen Nationalstaaten" geht, ergeben sich bei indirekter Rede m i t einem verbum dicendi im regierenden Satz für die finitiven Verben

im Indikativ 73,0%,       im Konjunktiv 27,0%.

Entsprechend bei indirekter Rede o h n e verbum dicendi im regierenden Satz aber

im Indikativ 20,0%,       im Konjunktiv 80,0%.[58]

Gegenüber der hohen Konjunktivfrequenz „im Deutsch der Bundesrepublik", die ich als Vergleichsgrundlage einsetze [(1.) 82,0%], zeigen also die Texte im ‚Neuen Deutschland‘ dort, wo „reaktionäre" Informanten referiert werden, eine noch deutlich höhere Quote [(2.) 85,5%]. Die naheliegende Vermutung, daß diese Dominanz des Konjunktivs insgesamt eine sehr entschiedene Distanzierungsbemühung gegenüber dem Inhalt der indirekten Rede anzeige, wird bekräftigt durch Sommerfelds Angabe zum Charakter der einleitenden verba dicendi: Verben, „deren Bedeutung beinhaltet, daß an der Realität des vermittelten Geschehens kein Zweifel besteht, sind [hier] selten."[59] So erscheint sein Resümee denn durchaus überzeugend: „In unseren Beispielen ist die bevorzugte Verwendung des Konjunktivs Ausdruck der Distanzierung von uns feindlichen, uns schädlichen oder uns fremden Meinungen usw."[60] Auch die Gegenprobe bestätigt das: Geht es um „progressive" Informanten, fällt die Konjunktivfrequenz in signifikanter Weise ab [(3.) gegenüber 82,0% von 85,5% auf nurmehr 27,0%]. Dem entspricht Sommerfelds Angabe, daß an der Spitze seiner Häufigkeitsstatistik der verba dicendi hier ‚betonen‘, ‚erklären‘ und ‚feststellen‘ rangierten (die angeben, „daß an dem Geschehen kein Zweifel bestehen kann"), während das neutrale ‚sagen‘ ganz am Ende stehe.[61]

Gegenüber der niedrigen Indikativfrequenz „im Deutsch

der Bundesrepublik" [(1.) 18,0%] zeigt das ‚Neue Deutschland' dementsprechend eine noch deutlich gesenkte Quote dort, wo sich's um „reaktionäre" Informanten handelt [(2.) 14,5%]. Die naheliegende Vermutung, daß der Indikativ hier zurückgedrängt werde, weil man ihn als Zustimmungssignal empfindet, wird wiederum durch die Gegenprobe bestätigt: Geht es nämlich um die „progressiven" Informanten, steigt die Indikativfrequenz entsprechend in signifikanter Weise an [(3.) gegenüber 18,0% von 14,5 auf 73,0%].

Aus Sommerfelds Untersuchungen habe ich für die Modusfrequenzen im ‚Neuen Deutschland' bisher diejenigen Angaben verwendet, die sich auf die Fälle indirekter Rede mit einem verbum dicendi beziehen (für das „Deutsch der Bundesrepublik" hat er sie nicht gesondert ausgewiesen). Diese Zahlen also gelten für den Fall, daß der Konjunktiv nicht das einzige Merkmal indirekter Rede darstellt, folglich als fakultativ und nicht etwa obligatorisch angesehen werden kann. Aufschlußreich sind demgegenüber nun die Zahlenverhältnisse in indirekter Rede ohne verbum dicendi: Bei „reaktionären" Informanten (2.) erhöht sich die Konjunktivverwendung dort von 85,5% auf 92,6%, bei „progressiven" Informanten (3.) gar von nur 27,0 auf 80,0%. Damit tritt die Funktion des Konjunktivmorphems als formalgrammatisches Abhängigkeitssignal (Referierzeichen) deutlich in Erscheinung. Gegenläufig zur ideologisch-stilistischen Tendenz einer Ausschaltung des Konjunktivs als Distanzierungssignal erzwingt sie im zweiten Fall eine Frequenzerhöhung um 53%. Im ersten Fall hingegen, wo die aus der Distanzierungsbemühung resultierende Häufigkeit des Konjunktivs seine formalgrammatischen Aufgaben offenbar schon weitgehend abdeckt, führt sie nur noch eine Steigerung um 7,1% herbei.

Trotz einer relativ schmalen Textbasis[62] (und unerachtet der Tatsache, daß Sommerfeld, in dessen Zählungen der Konjunktiv I bei weitem überwiegt[63], hinsichtlich ihrer Distanzierungsfunktion keine Unterschiede zwischen den Konjunktiven I und II vermerkt) lassen sich auf der Grundlage der zuvor notierten Feststellungen aus diesen Befunden einige offenbar verallgemeinerungsfähige Schlüsse ziehen:

Der Konjunktiv kann dort wo er ein redundantes Merkmal indirekter Rede bildet, als Referierzeichen fungieren. Er muß eingesetzt werden, wenn die indirekte Rede nicht durch andere sprachliche Mittel kenntlich gemacht wird. Dafür sind eindeutige Formen erforderlich (Ersatzregel).

Abgesehen von dieser unbestrittenen formalgrammatischen Funktion aber vermögen die eindeutigen Konjunktivmorpheme (in Opposition zum Indikativ) eine Distanzierung des Sprechers oder Schreibers gegenüber dem Inhalt des in indirekter Rede Mitgeteilten anzuzeigen und dem Hörer oder Leser eine entsprechende Beurteilung nahezulegen.

Auch eine solche Geltungseinschätzung läßt sich freilich durch verschiedenartige sprachliche Mittel anzeigen. Deshalb ist der Konjunktiv auch in dieser Hinsicht nicht unentbehrlich und nicht obligatorisch. Seine distanzierende semantische Potenz kann durch den Kontext nicht nur ersetzt, sondern auch bestätigt und verstärkt oder aber abgeschwächt und aufgehoben werden, so daß jedenfalls der Konjunktiv I dort, wo er nurmehr als formales Erkennungssignal für indirekte Rede gesetzt wird, selbst mit einer Zustimmungshaltung des referierenden Sprechers oder Schreibers verträglich gemacht werden könnte. Deshalb sind die Konjunktivmorpheme, für sich genommen, hier keine semantisch eindeutigen und keineswegs untrügliche Zeichen. Wohl aber darf eine „Physiognomik des Stils“ ihre signifikante Häufung als zuverlässiges Merkmal eines Sprechers ansehen, der geneigt ist, fremde Äußerungen oder Ansichten ohne Gewähr wiederzugeben, Zweifel am Ungesicherten zu provozieren oder zur Ablehnung dessen anzuhalten, was ihm verwerflich scheint (– so wenig der einfache Umkehrschluß in diesem Fall erlaubt wäre).

Das gilt für Lichtenbergs Sudelbücher.

Unter der Fülle ihrer indirekten Reden erscheint der Konjunktiv I [Präs.] in vereinzelten Fällen zwar auch dort, wo der Kontext keinerlei Vorbehalt äußert – als bloßes (überdies redundantes) Referierzeichen also:

„Ja auf die Licht-Entwickelungen zu achten dergleichen Herr v. Trebra bemerkt hat. Herr Benzenberg aus der Gegend von Düsseldorf versichert mich heute den 11 ten März 1798 daß in seiner Gegend die Erscheinung sehr gemein *sei,* und er wird mir Nachricht verschaffen."
[L 853]

„Eberhard leitet in der neuen Auflage seiner Physik die Gesetze des Gleichgewichts beim Hebel aus der Zusammensetzung der Bewegung her. Gegen ein ähnliches Verfahren des Varignon hat schon Joh. Bernoulli mit Grunde erinnert, daß es bedenklich *sei,* die Zusammensetzung der Bewegung da anzubringen, wo keine Bewegung erfolgt; in der Tat wird auch bei einem solchen Verfahren unbewiesen angenommen, was ein[en] großen Beweis nötig hat".
[in KA 116]

Zustimmender Kontext läßt hier die Vorbehaltsmitteilung des Morphems nicht aufkommen. Zweifelhafter aber erscheint es in den sehr seltenen Fällen, wo unter gleicher Bedingung ein Konjunktiv II [Prät.] unterläuft, ob dessen semantische Neutralisierung noch gelingt:

„Was das Gedächtnis für ein treuer Bedienter ist erhellt aus einer vortrefflichen Bemerkung Rousseau's: Er sagt er *behielte* alles, wenn er nur seinem Gedächtnis *traue, vergesse* aber alles was er aufgeschrieben *habe.*" [in J 436]

Daß dem entschiedenen Beifall des Referenten auch nach eigenem Dafürhalten der Konjunktiv I (‚behalte') doch wohl angemessener sei, scheint der unmittelbar folgende, gleich-

sam korrigierende Übergang in dessen Morphemklasse an-
zudeuten (also *„traue, vergesse"*, *„habe"* und nicht weiterhin: ,traute, vergäße', ,hätte').

Äußerungen und Ansichten hingegen, die Lichtenberg
ernstlich in Zweifel zieht oder gar für entschieden unrichtig
hält, werden allermeist auch dann im Konjunktiv II referiert,
wenn die Ersatzregel ihn nicht erfordert:

> „Es gibt Leute, die glauben, alles *wäre* vernünftig, was
> man mit einem ernsthaften Gesicht tut. [E 286]

> „So könnte ein Unerfahrener glauben Wasser *bestünde*
> aus Eis und Wasserdampf von einer hohen Temperatur,
> denn beide zusammen machen Wasser". [in J 2036]

> „Man dachte man *wäre* am Ende, als Watson das Wasser
> im Sommer ohne Eis gefrieren machte, und jetzt hat Wal-
> ker eine Methode gefunden das Quecksilber nicht bloß im
> Winter sondern im Sommer und in den heißesten Climati-
> bus gefrieren zu machen". [J 1612]

> „Man irrt sich, wenn man glaubt, daß alles unser Neues
> bloß der Mode *zugehörte,* es ist etwas Festes darunter.
> Fortgang der Menschheit muß nicht verkannt werden." [G
> 41]

In keinem dieser Fälle würde man freilich eine Milderung
des Vorbehalts wahrnehmen, wenn man den Konjunktiv I
einsetzte. Der Kontext seinerseits modifiziert die Bedeutung
der Modusmorpheme. Und so wird der Konjunktiv I [Präs.]
in der Tat häufig auch dort verwendet, wo Lichtenberg die
referierte Meinung ersichtlich für abwegig hält:

> „Im vorigen Jahre (1790) ist das Kopernikanische System
> von zwei starken Gegnern angefochten worden, einem
> Deutschen (im Journal von und für Deutschland), und
> einem Engländer namens John Cunningham [...]. Der
> Deutsche sagt unter andern, es *sei erwiesen,* daß die Luft

die Ursache der Schwere sei, und der Engländer nachdem er das Kopernikanische System umgeworfen etabliert das seinige, welches hauptsächlich darin besteht, daß die Erde, Sonne und Mond eine emblematische Darstellung des großen Jehovah, nämlich Vater Sohn und Geist, und deren unüberschwänglicher Gnade *sei.*" [in J 454]

„Wer recht sehen will, wohin Pfaffen-Ignoranz und Blindheit führt, muß die Rezension von Dedekinds Buch über die menschliche Glückseligkeit lesen, die in den Göttingischen Gelehrten Anzeigen 84. Stück 1789 vorkommt. Ich rede hier von dem Rezensenten selbst, was mag das Buch nicht erst sein. Herr Dedekind *habe* die Notwendigkeit einer Dazwischenkunft Gottes zur Wiederherstellung der Ordnung *erwiesen.* Großer Gott, was heißt dich lästern, wenn dieses dich nicht lästern heißt." [J 129]

„Unter die Mißverständnisse oder die falschen Darstellungen bei der französischen Revolution gehört auch die daß man glaubt, die Nation *werde* von einigen Bösewichtern *geleitet.* Sollten nicht vielmehr diese Bösewichter sich die Stimmung der Nation vielmehr zu Nutz machen?" [J 1203]

In solchen Fällen aber verwirft der Schreiber die referierte Ansicht mit kommentierendem Kontext so ausdrücklich und derart entschieden, daß das Konjunktivmorphem von dieser Distanzierungsaufgabe wohl entlastet werden kann. Für die Entscheidung zwischen den Konjunktiven I oder II wird damit offenbar eine Wahlfreiheit eröffnet, welche (zweitrangige) stilistische Verwendungskriterien zur Geltung kommen läßt. Denn unter dieser Voraussetzung fakultativen Gebrauchs erscheint der Konjunktiv II vornehmlich in vergleichsweise zwanglosen, spontanen, informellen Äußerungen, der Konjunktiv I hingegen (wie in den drei hier vorgestellten Fällen) eher in anspruchsvoller und durchgeformter Verlautbarung, als Signal also für einen höheren Formalitätsgrad des Textes.

Neutraler gehaltene Kontexte aber lassen vermuten, daß
Lichtenbergs (vorsichtshalber sollte man sagen: individuel-
les) Sprachgefühl hinsichtlich einer kontextunabhängigen,
paradigmatischen Modusbedeutung der Konjunktivmorpheme den Konjunktiv I indirekter Rede im Unterschied
zum Konjunktiv II offensichtlich als ein weniger kräftiges
Distanzierungsmittel empfunden hat. Er verwendet den
Konjunktiv I [Präs.] in Ausnahmefällen auch bei ausdrücklicher Zustimmung (wo er sich mit dem Indikativ überlappt).
Er benutzt ihn häufiger noch bei offensichtlicher Ablehnung
(wo er sich mit dem Konjunktiv II überlappt). Im zahlenmäßig weit überwiegenden Regelfall jedoch tritt dieses Modusmorphem bei ihm (der 1781 von Adelung formulierten zeitgenössischen Verwendungsregel entsprechend[64]) als Kennzeichen für eine Mitteilung ohne Gewähr in Aktion:

> „Der junge Herr Ilsemann erzählte mir vor einiger Zeit,
> daß er den übersauren Kochsalz-Kalch (muriate de chaux
> oxygené) leuchtend gefunden *habe"*. [in L 948]

Dem entsprechend hat Lichtenberg den Konjunktiv II in
indirekter Rede offensichtlich doch als das schärfere Distan-
zierungsinstrument empfunden. Bei ausdrücklicher Zustimmung ist sein Gebrauch allenfalls einer ausnahmsweise
flüchtig-nachlässigen Formulierung zuzuschreiben. Häufiger wird er im Fall einer Wiedergabe nurmehr ohne Gewähr
verwendet (wo er sich mit dem Konjunktiv I überlappt). Im
zahlenmäßig weit überwiegenden Regelfall aber tritt dieses
Modusmorphem doch als ein Signal für die Mitteilung
abwegiger Äußerungen und haltloser Ansichten in Aktion:

> „Er wunderte sich, daß den Katzen gerade an der Stelle
> zwei Löcher in den Pelz geschnitten *wären,* wo sie die
> Augen hätten." [G 71]

1773 hatte der Hannoversche Leibarzt Johann Georg
Zimmermann einen Brief an seinen Freund und Vetter

Schmid in Brugg drucken lassen, der über seine Audienz bei
Friedrich II. berichtete.[65] Das Schloß des Preußenherrschers
mit dem des französischen Königs vergleichend, nannte er
Sanssouci da „über alle Beschreibungen erhaben, und gegen
welches mir Versailles als die Wohnung eines Zwergen vorkommt." Lichtenberg notierte im Sudelbuch: „Der Mann
gehört bekanntlich mit unter die Klasse der sogenannten
pompeusen Schriftsteller die nur alles schön finden, was mit
Pracht falsch ist. In Deutschland kann man sich noch mit
dieser Art hier und da einen Namen machen. In England ist
die Art von Prose unehrlich. Es kann auch nicht geleugnet
werden, daß kurz vor Anbruch des Tages im Kopf bei dämmernder Vernunft [...] diese Art zu schreiben die ange-
nehmste ist." Und nun folgt indirekte Rede, die durch ein
Feuerwerk satirischer Konjunktive [II, Prät. u. Plusqu.] er-
leuchtet, was Zimmermann „bei dämmernder Vernunft" zu
Papier gebracht:

> „So sagt der oben erwähnte Verfasser des Briefs, Versail-
> les mit Sanssouci verglichen *wäre* ihm *vorgekommen* wie
> die Wohnung eines Zwergen gegen die von einem Riesen.
> Davon ist nun kein Wort wahr, es ist ihm auch würklich
> nicht so vorgekommen, sondern es kam ihm zu Hause vor
> es *wäre* ihm so *vorgekommen,* oder es kam ihm vor, als
> *wäre* es schön, wenn es einem so *vorkäme,* oder es kam
> ihm endlich vor, es *wäre* schon schön bloß zu sagen es
> *wäre* ihm so *vorgekommen.* Es muß auch nichts wahr
> davon sein, denn wenn der Gedanke wahr *wäre,* so *wäre*
> er falsch." [in F 985]

Sogleich zu entscheiden, ob der Gedanke eines anderen
wahr oder falsch sei, wird häufig nicht möglich sein. Dem
um kritisches Denken und selbständiges Urteil Bemühten,
der fremde Meinungen nicht ungeprüft übernehmen möchte, dienen in solchen Fällen die Konjunktive als Vorbehalts-
signal.

„Herr Werner glaubt daß die Basalte durch den Blitz *könnte*[n] magnetisch *gemacht worden sein.*" [in J 1321]

Ins gleiche Sudelbuch schrieb Lichtenberg sich die Maxime „Die Frage: Ist dieses auch wahr? ja bei allem zu tun, und dann die Gründe aufzusuchen warum man Ursache habe zu glauben, daß es nicht wahr sei." [J 1389] Diesem Vorsatz eben entspricht sein Sprachgebrauch bei der Wiedergabe dessen, was als wahr ihm mitgeteilt worden ist. Indem er die zweifelnde Frage umsetzt in den Vorbehalts-Konjunktiv der indirekten Rede, bringt er die dubitative Potenz des Morphems zur Geltung. Und was dieser Konjunktiv im Sinne kritischer Theorie postuliert, übersetzt der jener indirekten Rede vorangestellte Satz schon in die Praxis konkreter Handlungsanweisung: „Den Versuch mit der Elektrizität durch Basalt gehen zu lassen"!

Das ist symptomatisch für die Lichtenbergschen Sudelbücher. Und die Fülle solcher Konjunktive indirekter Rede betrifft keineswegs nur wissenschaftliche Thesen, denen mit Zweifel zu begegnen, für den Wissenschaftler selbstverständlich scheinen könnte.[66] Es forderte ein gehöriges Maß an geistiger Unabhängigkeit, an couragierter innerer Widerstandskraft gegenüber dem Druck der offiziellen Parolen und der sanktionierten öffentlichen Meinung, 1796, also nach dem ersten Koalitionskrieg der europäischen Monarchien gegen das revolutionäre Frankreich, zu schreiben (im Konjunktiv II [Plusqu.]):

„Ich möchte was darum geben, genau zu wissen, für wen eigentlich die Taten getan worden sind, von denen man öffentlich sagt, sie *wären* für das Vaterland *getan worden.*" [K 292][67]

# § 5

*„denke immer du bist ein Mitglied des Rates"*[68]:

## GRUNDSÄTZE DER AUFKLÄRUNG

Ist die große geistige Bewegung des 18. Jahrhunderts, deren Ziel Kant 1784 den „Ausgang des Menschen aus seiner selbstverschuldeten Unmündigkeit" genannt hat, dadurch bestimmt, daß sie den Menschen von allen Vormündern und Autoritäten unabhängig zu machen, ihn aus all den Bindungen und Konventionen zu befreien suchte, welche der kritischen Prüfung durch die autonome menschliche Vernunft nicht standzuhalten vermochten, so darf der Konjunktiv, der auf die eben dargelegte Weise den kritischen Vorbehalt gegen Vorgegebenes und Vorgeschriebenes setzt, als grammatische Signatur verstanden und „zum Zeichen für Aufklärung"[69] genommen werden dort, wo er mit solcher Entschiedenheit die Stilphysiognomie eines Sprechers oder Schreibers bestimmt und sein Denken und Verhalten charakterisiert. „Unmündigkeit" hat Kant erläutert als „das Unvermögen, sich seines Verstandes ohne Leitung eines anderen zu bedienen".

Zehn Jahre vor dieser berühmten ‚Beantwortung der Frage: Was ist Aufklärung?' durch den Königsberger Philosophen[70] schrieb der Göttinger in sein Sudelbuch: „Der oft unüberlegten Hochachtung gegen alte Gesetze, alte Gebräuche und alte Religion hat man alles Übel in der Welt zu danken" [D 369], und beantwortete damit zugleich die Frage, wozu Aufklärung denn dienen solle. „Ja Wort zu halten", heißt es später bei ihm, „und bei allem zu fragen: wie *könnte* dieses b e s s e r eingerichtet werden?" [J 1634] Eben darauf zielten seine skeptischen Modusmorpheme. Vom Zweifel sah er den Weg zu der menschlicher Vernunft zugänglichen Wahrheit eröffnet (sagte über die antiphlogistische Chemie des Franzosen Lavoisier: „Da aber einmal Zweifel, wie überall, so auch hier die Wahrheit befördert haben: so muß man nicht aufhören zu zweifeln, bis kein Raum mehr dazu übrig ist"[71]), und das Wahre stand ihm dabei allemal fürs Bessere.

Nur gehörte er nicht zu denen, die Veränderung an sich schon als eine Annäherung an die Wahrheit und einen Fortschritt zum Besseren verstehen oder ausgeben. Hinter die Frage nach den Taten, „von denen man öffentlich sagt, sie *wären* für das Vaterland getan worden" (mag sein: durch diese Frage veranlaßt; denn er meinte doch, der Krieg sei „eigentlich eine Völkerhetze"[72]), setzte er die Notiz: „Ich kann freilich nicht sagen, ob es besser werden wird wenn es anders wird; aber so viel kann ich sagen, es muß anders werden, wenn es gut werden soll." [K 293] Wer solcherart das Anderswerden als notwendige Voraussetzung fürs Besserwerden versteht, ohne doch dem Trugschluß zu erliegen, welcher das Besserwerden auch schon als notwendige Folge vom Anderswerden nimmt, zeigt offenbar, daß er den im Konjunktiv der indirekten Rede geübten kritischen Vorbehalt gegenüber fremder Meinung auch auf die eigne zu beziehen vermag. „Warum glaube ich dieses? Ist es auch würklich so ausgemacht?" [J 1326] Aufklärerisches Denken macht vor dem eigenen nicht halt. Das ist seine Nagelprobe. Und Lichtenberg nahm dabei selbst das nicht aus, was ihm (noch) als ganz gesichert gelten mußte – „Ich bin nicht abgeneigt zu glauben, daß es künftig noch einem verschmitzten Denker gelingen wird, seinen Skepticismus selbst über die mathematischen Wissenschaften zu verbreiten."[73] Er selber, der zu Beginn seiner Physik-Vorlesungen die Studenten doch ausdrücklich belehrte, „Ein vernünfftiger Man kan auch sagen 2 mal 2 ist 5, a u s s p r e c h e n solte man sagen, aber nie kan er es denken"[74], notierte wahrhaftig in seinem Sudelbuch:

> „Zweifle an allem wenigstens Einmal, und *wäre* es auch der Satz: zweimal 2 ist 4." [K 303]

Daß er sich selber eine solche Auflage machte, geschah, wie man sehen wird, nicht obgleich, sondern weil er Professor der reinen und angewandten Mathematik gewesen ist.

# § 6

*„das Werck Gottes wird auf einmal dem*
*menschlichen Geist unterworfen"*[75]:

## EXPERIMENTALPHYSIK

Für das leidenschaftliche Ungenügen am Bestehenden, das
diesen Mann zeitlebens umgetrieben hat, lassen sich man-
cherlei Ursachen bestimmen oder vermuten, die ihn hinderten, sich mit dem Vorgegebenen zufriedenzustellen. Das beginnt mit dem elenden Körper, dem verkrüppelten und
krankheitsgeplagten, mit dem er leben mußte. „Sobald einer
ein Gebrechen *hat,* so *hat* er seine eigne Meinung", schrieb
er im Indikativ [in G 86]; und im Konjunktiv II [Prät. u. Kon-
dit. 1]: „Wenn der Mensch seinen Körper ändern *könnte*
wie seine Kleider, was *würde* da aus ihm *werden*"? [in F 292]
Das endet bei der Misere der politischen Verhältnisse in
Deutschland, unter denen er lebte: „Ich möchte wohl wissen
was geschehn *würde,* wenn einmal die Nachricht vom Himmel *käme,* daß der liebe Gott ehestens eine Kommission von
bevollmächtigten Engeln herab schicken würde, in Europa
herum zu reisen, so wie die Richter in England, um die
großen Prozesse abzutun worüber es in der Welt keinen
andern Richter gibt, als das Recht des Stärkeren. Was *würde*
dann aus manchen Königen und Ministern *werden?*" [in J
1151]
　Derjenige Bereich aber, in dem Lichtenberg sein Ungenügen an dem, was ist oder was man glaubt, daß es sei, oder
was man (aus „Unvermögen, sich seines Verstandes ohne
Leitung eines anderen zu bedienen") unvernünftigerweise
für richtig hält, methodisch disziplinierte, es umsetzte in die

Frage nach dem, was die Wahrheit sei, was sein könnte oder sollte: dieser Arbeitsbereich war die experimentelle Naturwissenschaft. Hier lag die Pflanzschule seiner konjunktivischen Sprachformen und Denkfiguren. Aus naheliegenden Gründen hat man das übersehen. Die Historiker der Naturwissenschaft haben sich für solche ,literarischen' Fragen in aller Regel nicht interessiert, und die Literarhistoriker haben die im strengeren Sinn naturwissenschaftlichen Aufzeichnungen meist außer acht gelassen – obgleich doch gerade die damit aufgelöste Zweieinigkeit des Naturwissenschaftlers und Schriftstellers Lichtenbergs geistige Person ausmachte.[76]

Statistische Erhebungen geben einen eindeutigen Hinweis. Während eine Zählung der Konjunktivverwendungen für die Sudelbücher insgesamt ergibt, daß von ihren 8036 Texten 2277, also 28,3% ein oder mehrere Konjunktivmorpheme enthalten, sind in einem ihrer probeweise ausgezählten rein naturwissenschaftlichen Teilkomplexe, den ,Vermischten Anmerkungen für Physik und Mathematik' des Sudelbuchheftes J [1254–2166], von 913 Notizen 413, also 45,2% auf diese Weise konjunktivisch gefaßt.[77]

Nach dem vorwiegend der Mathematik und Physik (einschließlich der Astronomie) gewidmeten Studium in Göttingen (1763–67) und einer anschließenden Tätigkeit als Mitarbeiter des Mathematikers Kästner an der Göttinger Sternwarte begann Lichtenberg seine akademische Lehrtätigkeit als Professor extraordinarius 1770 mit einer Programmschrift zur Wahrscheinlichkeitsrechnung; er las Kolleg über Algebra, über Kegelschnitte, über Sonnen- und Mondfinsternisse; unternahm Gradmessungen in Hannover, Osnabrück und Stade; gab die hinterlassenen Schriften des Mathematikers und Astronomen Tobias Mayer heraus und ergänzte sie durch eigene Beiträge über Thermometerschwankungen und zur Farbenlehre. Für den Professor ordinarius rückt dann seit 1777 die Physik ins Zentrum der Interessen. Er besorgt die posthumen Neuauflagen von Erxlebens ,Anfangsgründen der Naturlehre', dem meistbenutzten physikalischen Kompendium der Zeit[78]; legt eine bedeutende Sammlung physikalischer Apparate an und entdeckt bei elektrostatischen Versuchen mit einem nach dem Vorbild Voltas konstruierten Elektrophor die aus Harzmehlstaub sich bildenden sogenannten ‚Lichtenbergschen Figuren'[79]; untersucht mit Hilfe von Drachen, die er an metalldurchwirkten Schnüren aufsteigen läßt, die Luftelektrizität; experimentiert in seinem Göttinger Gartenhäuschen mit dem ersten Blitzableiter der Stadt; unternimmt Versuche mit Gasen, insbesondere mit Sauerstoff und Wasserstoff und läßt 1782 zum ersten Mal mit $H_2$ gefüllte Seifenblasen aufsteigen – ein Jahr bevor sich der Heißluftballon der Brüder Montgolfier und der Wasserstoffballon des Physikers Charles in den Himmel Frankreichs erheben.[80]

Den Zeitgenossen galt er als der bedeutendste deutsche Physiker des Jahrhunderts[81]. 1793 wurde er zum Mitglied der Londoner Royal Society, 1795 zum Mitglied der Petersburger Akademie der Wissenschaften gewählt. Freilich weiß die Wissenschaftsgeschichte der Physik von ihm nichts anderes mehr, als daß er die Zeichen + und − für Elektrizität eingeführt und die ‚Lichtenbergschen Figuren', diese kleinen Formationen aus dem Harzmehlstaub entdeckt hat, in deren Folge die Entwicklung der Elektrophotographie und der modernen Kopierverfahren steht. Auch sein zeitgenössischer Ruf war nicht etwa auf bedeutende Entdeckungen gegründet, sondern auf sein Ansehen als Experimentalphysiker. Wenn er in Göttingen sein seit 1781 vierstündiges Hauptkolleg abhielt über ‚Physica experimentalis'[82], dann lehrte er Physik nicht mehr dadurch, daß er aus Büchern vorlas. Er legte Erxlebens ‚Anfangsgründe der Naturlehre' freilich zugrunde. Aber in welcher Weise das geschah, besagen seine handschriftlich erhaltenen Einleitungsbemerkungen zu dieser Vorlesung[83]:

„Als ich vor mehreren Jahren[84] über diese Wissenschafften

zu lesen anfieng, dachte ich es so zu machen wie etwa die Engländer von denen ich damals frisch hergekommen war, und namentlich der berühmte Ferguson, und gar kein Buch zum Grund zulegen.

Dieser Mann [...] laß die Experimentalphysic in London mit dem grösten Beyfall. Es lief alles hinein. Christen und Juden, Officiere Frauenzimmer und Quaker und – Professoren von Göttingen. Er hatte kein Buch ja nicht einmal in den 5 bis 6mal, da ich seine Vorlesungen besuchte, Kreite und Schwamm; Es gieng alles mit Versuchen, jedoch verwieß er häufig auf Schrifften.

Was Ferguson für Ursachen gehabt haben mag kein Buch zu wählen, kan ich nicht sagen. Die meinigen waren nicht unwichtig. Ich konte kein Buch finden das völlig das gewesen wäre, was ich verlangte.

Als endlich Erxlebens Buch nach der 2ten Ausgabe erschien [1777] so zeichnete es sich überhaupt sehr zu seinem Vortheil aus, aber hauptsächlich von einer Seite die [auch] jedes andere Buch, wenn es nur einigermassen erträglich gewesen wäre, hätte annehmlich machen können, und das ist die Bücherkenntniß. [...]

Allein Bücher muß man kennen, nicht der Titul wegen, sondern um weiter gehen zu können, und da hat HE. Prof. Erxl. sehr wohl gethan die vorzüglichsten jedesmal zu nennen.

Denn da man in dem halben Jahr ohnehin genug zu thun hat, so ist es kein geringer Zeitgewinn sich blos an die Sachen halten zu dürfen und nicht noch Zeit mit Litterärgeschichte [= Bibliographie] zu verliehren, zumal in einem Collegio wie dieses, das vorzüglich Versuchen gewidmet ist."

In welchem Ausmaß Lichtenbergs Kolleg in der Tat „vorzüglich Versuchen gewidmet" war, wissen wir von einem seiner Hörer. Sehr genau. Gottlieb Gamauf hat in seinen Kollegnachschriften[85] angemerkt: „Schon im Jahre 1781 zählte Jemand 600 Versuche, die in den Lichtenbergischen

Vorlesungen über die Naturlehre angestellt wurden. Seit jener Zeit haben sie sich noch vermehrt. Da sie nicht von allen Zuhörern gleich gut konnten gesehen werden, so wurden die vorzüglichsten derselben jeden Sonntag zwischen 11 Uhr und 12 Uhr von dem M. Seyde wiederholt" – worin man denn eine Vorform des heutigen von einem Assistenten abgehaltenen Praktikums sehen darf[86]. Unter einem für damalige Verhältnisse ganz ungewöhnlichen Andrang von Studenten und Gästen lehrte Lichtenberg Physik, indem er, für den Gang und Stand der Forschung auf Erxlebens Kompendium und dessen bibliographische Angaben verweisend, seine mehr als 600 Versuche vorführte: Elektrisiermaschinen in Gang setzte oder reinen Wasserstoff in Schweins- und Kälberblasen füllte und sie vom Experimentiertisch auffliegen ließ; oder die neben seiner Wohnung gelegene, brechend volle Stube, die ihm in Göttingen als Hörsaal diente, mit Knallgasexplosionen erbeben machte; oder das Physikkolleg gar auf den Hainberg verlegte und dort seine Drachen fliegen ließ: „Einige Pursche kamen zu mir und danckten mir im Nahmen vieler übrigen für die Mühe, die ich mir in diesem Colleg nähme sie zu unterrichten, sie sind hier gar nicht gewohnt, daß Publica so gelesen werden", schreibt er seinem Freunde Schernhagen am 30. Juli 1778. „Ich glaube mancher wird noch seinen Enckeln von dem Göttingischen Drachen erzählen."

# § 7

*„Neue Blicke durch die alten Löcher"*[87]:

## KONJUNKTIVISCHE FRAGESÄTZE

Versuche, wie sie der Physik-Professor da im Hörsaal unternahm, verfolgen didaktische Zwecke. Ihre Ergebnisse sind abzusehen, und die Einsichten, die dadurch vermittelt werden sollen, gehen dem Experiment voraus. Wo „wir nun die Natur durchaus kennen", erklärte Lichtenberg 1776, „sieht ein Kind ein, daß ein Versuch weiter nichts ist, als ein Kompliment das man ihr noch macht. Es ist eine bloße Zeremonie. Wir wissen ihre Antworten schon vorher. Wir fragen die Natur wie die großen Herrn die Landstände um ihren Konsens." [in E 332] Unternehmungen dieser Art will ich im folgenden Demonstrationsversuche nennen.

Unter dem Stichwort ‚Experimentalphysik' hatte der Jenaer Theologie-Professor Johann Georg Walch in einem weitverbreiteten ‚Philosophischen Lexicon' noch 1775 über den Wert von Experimenten erklärt: „so großen Staat davon zu machen, als könnten dadurch neue und bisher unerkannte physische Wahrheiten erkannt werden, hat man nicht Ursach. Denn sie dienen nur zur Erläuterung der schon erkannten"[88]. Da war der Physik-Professor anderer Ansicht. Er befragte die Natur keineswegs nur in der Rolle des absolutistischen Landesherrn, welcher nach der Hannoverschen Verfassung seine Landstände in Steuerfragen pro forma noch immer um ihre Zustimmung zu ersuchen hatte und dabei doch „ihre Antworten schon vorher" kannte. Kant hat 1787 gefordert, der Physiker solle mit dem Experiment operieren, um von der Natur „belehrt zu werden, aber nicht in der Qualität eines Schülers, der sich alles vorsagen läßt, was der Lehrer will, sondern eines bestallten Richters, der die Zeugen nöthigt auf die Fragen zu antworten, die er ihnen vorlegt."[89] Wo es nicht um Belehrung, sondern um Entdeckung und Erfindung ging, bei den im Laboratorium angestellten, den in wissenschaftlichen Publikationen und Briefen an Fachkollegen mitgeteilten oder den in seinen Sudelbüchern notierten Versuchen, nahm der Göttinger Experimentalphysiker die Natur in der Tat mit Fragen ins Verhör, bei denen die Antwort zweifelhaft schien oder unbekannt war. Unternehmungen dieser Art will ich im folgenden Experimente nennen.

Mit dem Gebrauch des dubitativen Konjunktivs in indirekter Rede hängt das ganz unmittelbar zusammen. „Auf nichts schwimmt die Physik so leicht dahin, als auf den Luftblasen ungeprüfter Erfahrungen", notierte Lichtenberg[90]. Dem Zweifel an vorgegebenen Anschauungen aber entspringt die Frage, welche auf „bisher unerkannte physische Wahrheiten" zielt.

„Euler der glaubte, die Kometen-Schweife *entstünden* durch den Stoß des Lichts nimmt also nicht allein an, daß das Licht von der ⊙ [Sonne] *abfliege* sondern, daß es auch die schweren Teilchen der Kometen ihrer Schwere berauben *könne*." [in J 1530]

Lichtenberg referiert hier im Konjunktiv I [Präs.] oder ersatzweise im Konjunktiv II [Prät.] – und notiert sogleich: „Wie kann daraus eine der CCC Fragen an Physiker und Mathematiker formiert werden?" [J 1531] Solche Fragen nun (weit mehr als dreihundert!) formuliert er vorzugsweise im Konjunktiv II der Modalverben ‚sollen' oder ‚können'; versieht also beispielsweise in der von ihm bearbeiteten 3. Auflage der ‚Anfangsgründe der Naturlehre' (1784) Erxlebens zweifelhafte Erklärungen zur Gewitterbildung in verschiede-

nen Jahreszeiten mit der Anmerkung: „*Solte nicht* die Sel-
tenheit der Donnerwetter im Winter vielmehr daher rühren,
daß kalte Luft besser isolirt als warme, welches sie mit allen
isolirenden Körpern gemein hat, und folglich nicht leicht ein
Blitz entstehen kann, es müßte denn der Vorrath von elektri-
scher Materie sehr groß seyn." (S. 681)

Die naturwissenschaftlichen Notizen der Sudelbücher zeigen zahlreiche Beispiele für diesen Formtyp. Gelegentlich
wird das konjunktivische Modalverb da (o h n e Negation) in
dubitativer Bedeutung verwendet:

„*Sollte* [wirklich] alle Wärme einerlei sein und eine so
geleitet werden, wie die andere? Sonnenwärme wie die
vom Kohl[en]feuer." [J 1890]

Solche Fälle sind vergleichsweise selten, weil es offenbar na-
heliegt, andere Ausdrucksmittel zu nutzen für einen derarti-
gen Zweck. Bei fraglichen Mitteilungen, welche eine Her-
kunftsbezeichnung fordern, bietet die mit dem Vorbehalt
des Konjunktivs markierte indirekte Rede sich an. Bei landläufigen Behauptungen oder eigenen Mutmaßungen hingegen, welche sich ohne nähere Quellenangabe verständlich
machen, wird häufig eine ausdrückliche Wahrheitserkundi-
gung eingesetzt:

„*Ist es wohl wahr,* was ich oft gehört habe, daß die Hunde
nicht schwitzen, und wenn es wahr ist was läßt sich für ein
physiologischer Grund angeben?" [J 1270]

oder ein direkter Fraglichkeitsvermerk (durch lexikalische
Mittel oder bloße Interpunktion), wie er keineswegs nur in
den naturwissenschaftlichen Notizen erscheint:

„Es *ist* ja noch *eine Frage* ob alle Materie gegen alle
schwer ist, oder ob nicht die gleichnamigen sich anders
ziehe[n] als [die] verschiedenen." [in J 2099]

„Frei? Wie? Vogelfrei vielleicht? [E 153]

Sätze dieser Art kommen mit dem Indikativ aus. In semantischer Hinsicht aber stellen sie ‚konjunktivische‘ Äußerungen dar und sind auf der morphologischen Ebene deshalb ohne Sinnverschiebung übertragbar in Fragesätze mit einem Modalverb im Konjunktiv.

Wie Zweifel an der Wahrheit des als wahr Behaupteten dem Verlangen nach Erkenntnis des tatsächlich Wahren entspringt, ist in Lichtenbergs dubitativen Sudelbucheintragungen vom Formtypus ‚Sollte es wirklich so sein, daß …?‘ die hypothetische Fragestellung schon angelegt, welche aufs wirklich Seiende zielt. Zu deren direkter Formulierung bedient er sich vorzugsweise des Modalverbs mit Negation, dessen spekulativen Konjunktiv er als Vermittler mutmaßlicher Erklärungen für bisher ungeklärte Phänomene einsetzt (‚Sollte es nicht in Wahrheit so sein, daß …?‘):

„*Sollte nicht* bei den Monds-Vulkanen etwas Elektrisches zum Grunde liegen?“ [in J 1264]

„*Sollten* bei den noch nicht erklärten vielfältigen Regenbogen, *nicht* Eiskügelchen mit im Spiel sein?“ [J 1845]

„*Sollte nicht* bei Ebells Tief-Frieren […] würklich die Erschütterung nicht etwas dazu haben beitragen können. Dieses ließe sich vielleicht in einem Garten durch Versuche ausmachen.“ [J 1475]

Unablässig schickt der Sudelbuchschreiber solche Vermutungsfragen über die Grenze gesicherter Erkenntnis ins Unerkundete. Wie er den spekulativen Konjunktiv für seine mentalen Entdeckungsreisen und Erfindungsbemühungen nutzt, so konzipiert er mit seiner Hilfe neuartige oder verbesserte naturwissenschaftliche Instrumente, Verfahrenstechniken und Theoriebildungen –

„*Sollte* es *nicht*, so wie es einen Kondensator für die Luft-Elektrizität gibt, auch einen für die Feuchtigkeit derselben geben, das wäre eine große Entdeckung.“ [J 1614]

„*Sollte* es *nicht* wohl dienlich sein das Abnehmen und Zunehmen der Wärme, das wir auf unserer Erde bemerken, Tag und Nacht, Sommer und Winter, auch bei chemischen Operationen nachzumachen. Daß alles erst wieder ruhte. Beim Braten am Bratspieß findet so was statt." [J 2006]

„*Sollten* wir *nicht* Affinitäten gegen andere Körper fühlen können? und sich nicht daraus eine dritte Theorie des Lichts herleiten lassen." [in J 1717]

Wird für die Realisierung des hypothetischen Entwurfs ein höherer Wahrscheinlichkeitsgrad angesetzt als in den bisher vorgestellten hochspekulativen Fällen, tritt häufig das Modalverb ‚können' in die konjunktivische Frageform ein:

„*Könnte nicht* aus der Undurchsichtigkeit des glühende[n] Glases etwas gegen die Eul[ersche] Theorie des Lichts hergeholt werden?" [J 2103]

„*Könnte nicht* eine Uhr wie die Coxische viel leichter eingerichtet werden? [...] ja es wäre möglich daß der Wetterhahn auf dem Turm die Uhr aufzöge, oder es *könnte* ein Luftzug im Turm angebracht werden. Man hat schon Taschen-Uhren, die man nicht aufzieht." [in E 482]

Wo dieses Modalverb dann ohne Negation erscheint und einen Aussagesatz regiert, markiert sein Konjunktiv II-Morphem auf der Potentialitäts-Skala bereits den Zustand des prinzipiell Verwirklichungsmöglichen:

„Man *könnte* Kaffee-Grütze-Mühlen und dergleichen an die Wagen anbringen, so hätten sie etwas zu tun, wenn sie leer nach Hause fahren." [D 103]

„Auf einer Charte von Westfalen *könnten* die gefährliche Stellen mit ¾ von einem Rad oder einem Toden-Kopf angedeutet werden". [in F 196]

Auch hier ist der ‚konjunktivische‘ Modus nicht angewiesen auf das Konjunktivmorphem, das in der Überzahl solcher Fälle als sein grammatisches Erkennungssignal erscheint. Wohl aber sind die vorgreifenden Indikative, die das (noch) nicht Entdeckte oder Erfundene oder Verwirklichte darstellen, auch hier sinngemäß übertragbar in den Potentialis (‚Könnte man nicht ...‘ oder ‚Man könnte doch ...‘):

> „Ein Sprech- und Schallwerk, wenn man etwas in einer fremden Sprache hinein redet, so schallt es zu einem andern Loch ins Deutsche übersetzt heraus." [J 1659]

Anders als dieser Vorgriff auf übersetzende und sprechende Computer sind freilich viele der konjunktivischen Sudelbuchnotizen Lichtenbergs hinsichtlich ihrer wissenschaftlichen Substanz für den heutigen Naturwissenschaftler ohne jedes und für den Historiker der Naturwissenschaften von allenfalls geringfügigem Interesse; gleiches gilt gewiß für die Ingenieure hinsichtlich der technischen Realisierbarkeit oder des wirtschaftlichen Nutzens vieler dieser Projekte. Wenn ich (ohne darauf Rücksicht zu nehmen) sie hier in den Blick fasse als Beispielfälle einer in den ‚konjunktivischen‘ Sprachformen manifest werdenden Denkweise, deren Trainingsfeld die Experimentalphysik bildet, sollte ich doch den Eindruck abzuwehren suchen, daß es sich in der Regel nur um schrullige Belanglosigkeiten handelte.

Zu diesem Eindruck trägt in manchen Fällen wohl bei, daß Lichtenbergs Sudelbuchaufzeichnungen Merkzettel waren für eigenen Gebrauch, auf denen der Schreiber also aussparen konnte, was zu ergänzen für ihn selber keiner Erinnerungshilfe bedurfte. „Ich verstehe mich", vermerkt er bei Gelegenheit doch ganz ausdrücklich [so in L 790 u.ö.]. Wie entschieden vieles derart Kurzgefaßte aufs handfest Praktische zielen mochte, wird einsichtig dort, wo uns auch die Ausführungsbestimmungen für das im Medium

des Konjunktivs Entworfene überliefert sind in den Sudelbüchern.

„*Sollte* es *nicht* eine Methode geben, die Oberfläche der
Körper etwa durch Abwiegen zu finden, so wie man ihre
Solidität finden kann?"

Hier machen die folgenden Sätze deutlich, wie ernsthaft die
von der konjunktivischen Frageformel vermittelte Hypothese die Praxis im Auge hatte und tatsächlich auf die Entwicklung physikalischer Messungen ausging. „Eine solche Erfindung wäre sehr nützlich", setzt Lichtenberg hinzu und skizziert zur Verfahrenstechnik:

„*Vielleicht* durch eine genaue Waage so z. E. beim Zinn:
Man verfertige eine Kugel von einem Zoll und von 2 Zol-
len im Durchmesser, wiege sie genau, alsdann tauchte
man sie in Baumöl (NB bei eine[r] gewissen Temperatur)
und ließe alles ablaufen bis nichts mehr fallen wollte, und
wöge sie wieder so müßten sich die Zunahmen-Gewichte
wie die Quadrate der Durchmesser verhalten wenn alles
gleichförmig anhinge. Würde nun ein zinnerner Teller
eben so behandelt, so könnte daraus seine Oberfläche gefunden werden. [...] (Weiter nachzudenken)". [J 2049]

Auch in den exakten Naturwissenschaften bedarf der Erkenntnisfortschritt einer spekulativen Energie. Insofern die
allemal nur einen Teil der Wirklichkeit erfassende Beobachtung in der Regel zunächst doch verschiedene Schlüsse zu-
läßt und Schlüsse auch aus gesicherten Befunden über das
Beobachtete selbst hinaustreten, ist die Ausschau selbst nach
absurden Folgerungen in der Methodik einer auf Erkennt-
niserweiterung ausgerichteten Naturwissenschaft geradezu
angelegt. Was von denjenigen Wissenschaftlern, die zum
Fortschritt ihrer Disziplin etwas beitragen, als nur Bedachtes
und wieder Verworfenes allermeist unbekannt bleibt (wenn
überhaupt notiert, im Papierkorb landet), haben Lichten-

bergs Sudelbücher uns überliefert: auf einzigartige Weise ermöglichen sie deshalb Einsichten in den geistigen Mechanismus, der neue Ideen hervorbringt in der Naturwissenschaft.

Für die potentielle Tragweite selbst der absurden Folgerungen und gerade der kühnen Spekulation liefern sie denn auch eine Fülle von Beispielfällen. Lichtenbergs Frage, „Wie nah wohl zuweilen unsere Gedanken an einer großen Entdeckung hinstreichen mögen?" [F 423], war ja keineswegs unberechtigt. Viele von ihnen, nurmehr spaßige ebenso wie wahrhaft apokalyptische Möglichkeitserwägungen, hat man seither verwirklicht oder hat der naturwissenschaftliche und technisch-industrielle Fortschritt inzwischen eingeholt und bestätigt oder doch nahegerückt. An einer Reihe willkürlich herausgegriffener Beispiele will ich das rasch veranschaulichen.

Lichtenberg 1776:

„Man *könnte,* da man doch einzelne Silben nicht liest, sondern ganze Wörter, manche Bücher sehr abkürzen. In vielen Wörtern sind die Vokalen entbehrlich: Mnsch liest gewiß jedermann Mensch, list gwß jedrmn Mnsch." [E 434]

Für diese Abkürzungstechnik – „Speedwriting, an alphabetic shorthand system, was introduced in 1924 and is used today throughout the world. Sounds are represented in Speedwriting by the use of letters of the alphabet and the common punctuation marks that are written in longhand. If you can write longhand, you can write Speedwriting"[91] – gab ein Reklametext in der New Yorker U-Bahn um die Mitte der 70er Jahre ein hübsches Beispiel: „f u cn rd ths ad, u cn gt a gd jb."[92]

Lichtenberg 1799:

„*Sollten* die Menschen noch nicht einmal ein Mittel erfinden in den Muskeln unschädliche Lokal-Schwellungen zu erwecken um sich auf einige Zeit vollere Gesichter zu machen"? [in L 693]

Ästhetische Korrekturen hat die plastische Chirurgie schon gegen Ende des 19. Jahrhunderts durch Implantation unterschiedlicher Fremdkörper in die weibliche Brust, später durch Paraffininjektionen auch in faltig gewordene Gesichter versucht. „In den frühen fünfziger Jahren [des 20. Jahrhunderts], als ein großer Aufschwung der Industrie der Kunststoffe festzustellen war, haben die Chirurgen die Verwendung von Kunststoffteilen bzw. später von Kunststoffschwämmen zur Vergrößerung der Mamma eingeführt". – „Uns scheint die Injektion von Siliconelösung in die weibliche Brust durchaus problematisch zu sein, da es ja schließlich auch 20 Jahre gedauert hat bis man feststellen konnte, daß nach der Einspritzung von Paraffin zur Beseitigung der Falten im Gesicht Paraffinome auftraten, die dann später alle herausoperiert werden mußten."[93]
Auch Lichtenbergs Spekulation über ein Verfahren zur Herstellung von Wachskerzen mußte 1790 ebenso abenteuerlich anmuten, wie eine solche maschinelle Fabrikation uns heute selbstverständlich erscheint:

„Ob es wohl möglich *wäre* eine Maschine zu machen, wie z. E. eine Mühle, da man an einem Ende rohes Talg und Baumwolle hinein würfe und am [andern] Ende schön gegossene Lichter heraus kämen?" [J 1366]

Keines Kommentars mehr bedarf, was seine hypothetischen Konjunktive 1798 zur Produktion chemischer Waffen und ihrer potentiellen Vernichtungskraft besagten:

„Es *wäre* doch möglich, daß einmal unsere Chemiker auf ein Mittel gerieten unsere Luft plötzlich zu zersetzen, durch eine Art Ferment. So *könnte* die Welt untergehen." [K 334][94]

Mitten zwischen die konjunktivischen Fragestellungen des Sudelbuchheftes J, diese Zweifelssätze und Hypothesennotizen, hat Lichtenberg den mythischen Namen geschrieben, der für die menschliche Entdeckungsgabe steht – auch für die seine:

„Kolumbus, Kolumbus! überall." [J 1849]

# § 8

*„Kolumbus, Kolumbus! überall"*[95]:

## HYPOTHETISCHE KONJUNKTIVE

Im ‚Tristram Shandy' konnte Lichtenberg eine Passage lesen, die diesen Liebhaber des Sterne'schen Romans wahrhaft entzücken mußte. Da hat der Vater für seinen Sohn eine Erziehungslehre mit grammatischen Exerzitien verfaßt, in denen er die „verbs auxiliary" behandelt und die Hilfs- und Modalverben ‚sein', ‚werden', ‚können', ‚sollen' in Fragestellungen versetzt: „Is it? Was it? Will it be? Would it be? May it be? Might it be? [...] Or hypothetically, – If it was? If it was not? What would follow? [...] Now, by the right use and application of these, continued my father, in which a child's memory should be exercised, there is no one idea can enter his brain, how barren soever, but a magazine of conceptions and conclusions may be drawn forth from it. – Didst thou ever see a white bear? cried my father". Und am Exempel des ‚weißen Bären' wird dieser Katalog konjunktivischer Frageformeln nun durchgespielt: „A WHITE BEAR! Very well! Have I ever seen one? Might I ever have seen one? Am I ever to see one? Ought I ever to have seen one? Or can I ever see one? Would I had seen a white bear! (for how can I imagine it?) If I should see a white bear, what should I say? If I should never see a white bear, what then? [...] When my father had danced his white bear backwards and forwards through half a dozen pages, he closed the book for good an' all, – and in a kind of triumph redelivered it into Trim's hand, with a nod to lay it upon the 'scrutoire, where he found it. – Tristram, said he, shall be made to conjugate every word in the dictionary, backwards and forwards the same way; – every word, Yorick, by this means, you see, is converted into a thesis or an hypothesis; – every thesis and hypothesis have an offspring of propositions; – and each proposition has its own consequences and conclusions; every one of which leads the mind on again, into fresh tracks of enquiries and doubtings. – The force of this engine, added my father, is incredible in opening a child's head."[96]

Derjenige ,weiße Bär', mit dessen Hilfe Lichtenberg lernte, durch Fragen und Mutmaßungen ein „magazine of conceptions and conclusions" zu bilden, war die Experimentalphysik – obgleich sie sich zu seiner Zeit keineswegs geneigt zeigte ,to convert every word into an hypothesis'. Sie war ebenso experimentierfreudig wie spekulationsfeindlich; Newtons „hypotheses non fingo" beherrschte das Feld. Als Verzicht auf einen Versuch zur Ursachenerklärung der Schwerkraft hatte der Lehrmeister der modernen Naturwissenschaft 1713 diese Maxime formuliert und die Hypothesenbildung damit aus der Experimentalphysik verbannt: „Rationem vero harum Gravitatis proprietatum ex Phaenomenis nondum potui deducere, & hypotheses non fingo. Quicquid enim ex phaenomenis non deducitur, Hypothesis vocanda est; & hypotheses, seu Metaphysicae, seu Physicae, seu Qualitatum Occultarum, seu Mechanicae, in Philosophia Experimentali locum non habent. In hac Philosophia Propositiones deducuntur ex phaenomenis, & redduntur generales per inductionem." [,Den Grund dieser Eigenschaften der Schwere habe ich allerdings noch nicht aus den Erscheinungen ableiten können, und Hypothesen erfinde ich nicht. Alles nämlich, was nicht aus den Erscheinungen abgeleitet wird, muß Hypothese heißen; und Hypothesen, es handle sich um metaphysische oder physische oder solche verborgener Eigenschaften oder mechanische, haben in der Experimentalphysik keinen Raum.

Dort werden Sätze aus den Erscheinungen abgeleitet und durch Induktion generalisiert.'][97]

Tatsächlich hat Newton in seinen praktischen Arbeiten auf mutmaßende Hypothesen keineswegs verzichtet und (beispielsweise im Schlußteil der ‚Opticks‘) sehr wohl auch Denkmögliches in Erwägung gezogen, das sich empirischer Feststellung oder experimenteller Überprüfung entzog.[98] Seinem „hypotheses non fingo" liegt ein eng gefaßter Hypothesenbegriff zugrunde, der die haltlose Spekulation (insbesondere von Cartesianern und Scholastikern) im Auge hat und sie durchaus unterscheidet von einer erfahrungsbezogenen inductio incompleta.[99]

Wo Lichtenberg Hypothesen verwirft, folgt er diesem Sprachgebrauch und Begriffsverständnis und schließt sich also Newtons Urteil an: „Nichts setzt dem Fortgang der Wissenschaft mehr Hindernis entgegen als wenn man zu wissen glaubt, was man noch nicht weiß. In diesen Fehler fallen gewöhnlich die schwärmerischen Erfinder von Hypothesen." [J 1428] Wo er sie hingegen empfiehlt („Hypothesen, Vermutungen nach der Analogie des Ausgemachten" [J 1520]), nähert er sich durchaus dem Newtonschen Induktionsbegriff.[100]

Ohne Zweifel aber äußert sich in seinen Schriften, Vorlesungen und Sudelbuchaufzeichnungen eine Hypothesenbereitschaft, die weit über das von Newton Gebilligte und zu seiner eigenen Zeit Gewohnte hinausführte[101] und einem leidenschaftlichen Verlangen entspringt, vorgegebene Ansichten in Frage zu stellen und den unbekannten Ursachen physikalischer Beobachtungen auf die Spur zu kommen. „Der Mensch ist ein Ursache[n] suchendes Wesen", schrieb er sich ins Sudelbuch, „der Ursachensucher würde er im System der Geister genannt werden können" [in J 1551]. Und beschrieb damit sich selbst. Das grammatische Vehikel dieser Hypothesenbereitschaft war der Konjunktiv. Aber dessen hypothetische Energien werden bei Lichtenberg nun gezügelt und diszipliniert durch die kritisch-skeptische Potenz, die ihm gleichermaßen innewohnt und als Hypothese kenntlich hält, was nicht gesicherte Erkenntnis ist.

Ein sehr bezeichnendes Beispiel für diese Selbstkontrolle geben handschriftliche Kollegnotizen für den 26. August 1794, wo Lichtenberg die Kontroverse zwischen Phlogistikern (Vertretern der Stahlschen Theorie der Verbrennungsvorgänge) und Antiphlogistikern (Anhängern Lavoisiers) erörterte, seine eigenen „Einwürfe gegen das antiphlog. System" vortrug und schließlich erklärte: „Da aber einmal Zweifel, wie überall, so auch hier die Wahrheit befördert haben: so muß man nicht aufhören zu zweifeln, bis kein Raum mehr dazu übrig ist."[102] Auf diesen apodiktischen Satz nämlich bezieht sich eine Zusatzbemerkung, die als Randnotiz genau in Höhe der Worte „so muß man" ins Vorlesungsmanuskript geschrieben wurde: „Sie werden mir erlauben, daß ich hier zuweilen decisiv spreche, nicht weil ich decidiren will, sondern weil es einmal die Hofsprache der Hypothesenmacher ist." Das ist einigermaßen kompliziert, und ich zweifle, ob seine Studenten ihn da sogleich verstanden haben. „Hypothesenmacher" erscheint zunächst als negative Bestimmung – für Wissenschaftler hier, die sich gerade dann entschieden apodiktisch zu äußern lieben, wenn es doch um Unbewiesenes geht. Schon am 30. Dezember 1784 hatte Lichtenberg in einem Brief an Franz Ferdinand Wolff geschrieben: „Die schlimmsten Zeiten für die Physic und ihren Fortgang waren seit jeher die, in welchen man in Dingen, die jenseit unserer Sinne liegen, decidiren zu können geglaubt hat."[103] Jetzt aber hat der Lehrer bemerkt, daß sein eigener Satz sich gleichermaßen als fragloses Urteil gab. Die Maxime, „überall" müsse man zweifeln, ist ihrerseits dem Zweifel nicht mehr ausgesetzt und steht damit in (scheinbarem) Widerspruch zu sich selbst. Indem er „decisiv", also definitiv entscheidend darüber redet, daß man keinerlei Dezision unbezweifelt hinnehmen dürfe, spricht er selber doch die „Hofsprache der Hypothesenmacher" – von denen er sich freilich dadurch fundamental unterscheidet, daß er den eben bemerkten Widerspruch als solchen selbstironisch kenntlich macht, die eigene Dezision (die den Einwand, die Frage abschnitte und den Erkenntnisfortschritt so blockierte) als Hypothese ausweist (die auf Aufhebung ihrer selbst abzielt und den Erkenntnisfortschritt auf solche Weise ermöglicht). – „Was ich jetzt nicht weiß, kann ich noch lernen; was ich nicht weiß aber zu wissen glaube, lerne ich entweder nie, oder doch nicht ohne unangenehme Demüthigung."[104]

Deshalb redete er als ein nicht-dezidierender Hypothesenmacher in seinem Physik-Kolleg „von unsäglichem Nutzen" der wissenschaftlich begründeten Mutmaßungen: „Aus der Figur des elektrischen Funkens z. B. hat man geschlossen, daß auch das Donnerwetter eine elektrische Wolke sey. Dieß hat schon Winkler zu Leipzig vermuthet. Aber der große Franklin machte erst vollends die Entdeckung. Er ging zu Philadelphia vor das Thor hinaus, ließ einen Drachen in die Höhe steigen, und so fand er dann, daß auch die Wolken elektrisch sind. – Das schönste Beyspiel von dem großen Nutzen der Hypothesen giebt die Astronomie. Nun ist das Copernikanische System fast ganz außer allen Zweifel gesetzt. Es ist gleichsam das Paradigma, nach welchem man alle übrigen Entdeckungen dekliniren sollte. Hier ist der menschliche Verstand am weitesten und tiefsten eingedrungen."[105]

Vor allem im Bereich der Astronomie hat Lichtenberg mit seinen naturwissenschaftlichen Beiträgen zum ‚Göttinger Taschen Calender' das praktiziert. Die seit 1779 erscheinende Rubrik ‚Ueber das Weltgebäude' führte er ausdrücklich mit der Ankündigung ein, es würden hier neben Datenangaben, Betrachtungen, Vergleichen, Veranschaulichungen künftig auch „Muthmaßungen" mitgeteilt.[106] Und gänzlich auf Hypothesen abgestellt hat er dort einen Artikel ‚Ueber das Fortrücken unseres Sonnensystems‘, dessen letzter Absatz lautet:

„Wenn sich unser Sonnen System fort bewegt, was mag die Absicht seyn, und was läßt sich daraus schließen? Nicht viel zuverlässiges, das ist wohl gewiß; allein folgendes, wenn es gleich unsicher ist, wird doch wenigstens nicht wiedersinnig seyn. Die allgemeine anziehende Kraft, die ohne Ruhe immer fortrückt, *würde* endlich Systeme gegen Systeme treiben, wenn diesen nicht andere Bewegungen eingepflanzt *wären,* die dieses, eben so wie bey den Planeten, hinderten. Warum sollen wir also nicht annehmen können, daß unsere Sonne, mit ihren Planeten und Cometen sich wiederum um einen ungeheuren Körper herumdreht so wie wir um sie? Daß wir diesen nicht sehen, ist keine Einwendung, er *könnte* entweder sehr weit von uns weg, oder auch an sich selbst dunkel seyn. [...] Auch solcher dunkeln Körper *könnte* es ganze Systeme geben, die sich endlich um den ersten Quell aller Bewegung *dreheten.* – Ich stehe beym Quell der Bewegung selbst still; denn sobald man mit Muthmaßungen über so ungewisse Dinge zuweit geht, so werden sie verdrüßlich und eigentlich gar nichts. Es ist nur Eine Wahrheit, der Träume Zahl ist unendlich. Indessen hat schon Pater Kircher Gott unter die Magnete gezählt, und den Magneten aller Magnete genannt. Ich habe öfters über den unsinnigen Gedanken gelächelt, und da ich nunmehr sehe, daß meine Sedez Abhandlung sich allmälig den Schwärmereyen jenes großen Foliantenschmierers nähert, so ist es wohl Zeit abzubrechen.“[107]

In diesen Konjunktiven II [Kondit.1/Plusqu./Prät.] realisiert sich das hypothetische Prinzip einer begründeten Vermutung, welche über das Vorgegebene hinausführt, ein selbstkritisches Möglichkeitsdenken, welches die Grenze des Beobachtbaren übersteigt. Sie sind das grammatische Substrat dessen, was Lichtenberg die „Vorgriffe des Genies“

genannt hat [in K 128].[108] Nur „Vorgriffe" freilich. Und deshalb begriff er die Hypothese und das Experiment, die im Konjunktiv koinzidieren, als notwendig auf einander angewiesene, einander komplementäre Operationen.

> „*Sollte nicht* bei Ebells Tief-Frieren [...] würklich die Erschütterung nicht etwas dazu haben beitragen können. Dieses *ließe* sich vielleicht in einem Garten durch Versuche ausmachen." [J 1475]

Die konjunktivisch angelegte Hypothese fordert und steuert das konjunktivisch gefaßte Experiment. Und durch das Experiment wiederum wird eine solche Hypothese entweder falsifiziert und damit erledigt oder aber bestätigt und also (wie Lichtenberg im Unterschied zur Empirie-Skepsis heutiger Ansichten noch unterstellt) in den Indikativ gesicherter Erkenntnis überführt. 1773/74 hat Diderot in seiner ‚Réfutation de l'ouvrage d'Helvétius intitulé L'Homme' Ansätze zu einer Theorie des Experiments entwickelt, die diese Bestimmungen enthalten. Helvétius' Forderung zitierend, daß man nur im Gefolge des Experiments voranschreiten und niemals ihm vorauseilen dürfe, definiert er die Hypothese als Vorgabe, das Experiment als Prüfungsinstanz: „‚Il faut s'avancer à la suite de l'expérience et ne la jamais précéder.' Cela est vrai; mais fait-on des expériences au hasard? L'expérience n'est-celle pas souvent précédée d'une supposition, d'une analogie, d'une idée systématique que l'expérience confirmera ou détruira?"[109]

Unabhängig von Diderots (erst 1875 gedruckter) Bestimmung erläuterte Lichtenberg 1790 im Sudelbuch J in genau dieser Weise das Verhältnis von Hypothese und Experiment am Exempel des Schachspiels. Das stellte er sich dafür als ein dem Beobachter unbekanntes Phänomen vor: „Wer bloß Beobachtung und Experimente häuft kömmt mir vor wie jemand der ein Register führt über die Steine, die zwei Schachspieler aufheben und niedersetzen oder wegnehmen,

der der bemerkt, welche Bewegungen sie machen ist schon
viel weiter [...] und doch wird viel Zeit verstreichen bis er
die Absicht errät warum alle diese Bewegung[en] unternom-
men werden, und daß alles geschieht um den König zum
Gefangenen zu machen. Ohne Hypothesen dieser Art läßt
sich nichts ausrichten. Die Frage ob sie nützlich sind, hat
etwas Ungereimtes in sich: denn man will ja doch die Erscheinungen in der Natur erklären, und eine solche Hypothese ist ja weiter nichts als eine solche gewagte Erklärung,
sie fällt sogleich von selbst über den Haufen, so bald ihr die
Erscheinungen widersprechen.“ [In J 1521]

Diesen Grundsatz seiner Experimentalphysik: „Durch
Hypothesen erhält man gewissermassen einen Plan zu seinen
Versuchen“, ergänzte Lichtenberg im Kolleg durch den Hinweis: „Nicht zu gedencken, daß von einem Irrthum überzeugt werden, allemal lernen heißt.“[110] Damit war es ihm
ernst. So nachdrücklich vertritt er die Überzeugung, daß die
Hypothese, die den Versuch programmiert, zugleich doch
angewiesen sei auf die Prüfungsinstanz des Experiments; so
entschieden äußert sich damit seine Bereitschaft, vorgefaßte
Ansichten und Erwartungen an der Erfahrung zu korrigie-
ren und auch die eigenen Mutmaßungen oder Entwürfe kri-
tisch zu widerlegen (unablässig: „Warum glaube ich dieses?
Ist es auch würklich so ausgemacht?“ [J 1326]), daß man
Poppers kritischen Rationalismus[111] geradezu als den Versuch einer Systematisierung dieser ‚konjunktivischen‘ Denkfiguren Lichtenbergs verstehen könnte. Lichtenberg meinte
in der Tat, daß die Menschen am meisten doch aus ihren
Irrtümern zu lernen vermöchten. Nicht allein weil der
Wahrheitsbeweis einer Aussage grundsätzlich ihre Wider-
legbarkeit voraussetze und der Fortschritt der Erkenntnis
seinen Weg über den berichtigten Irrtum nimmt. Sondern
vor allem deshalb, weil man durch eigene Irrtümer allererst
zu lernen vermag, d a ß man sich irren könne:

„Selbst unsere häufigen Irrtümer haben den Nutzen, daß sie uns am Ende gewöhnen zu glauben, alles *könne* anders sein, als wir es uns vorstellen." [In J 942]

In sein Sudelbuch schrieb sich dieser nicht-dezidierende Hypothesenmacher die Losung „Neue Irrtümer zu erfinden"! [L 886]. Nichts anderes sind seine skeptischen und hypothetischen Konjunktive als unablässige Falsifikationsangebote, die uns daran „gewöhnen zu glauben, alles könne anders sein, als wir es uns vorstellen" und könnte „besser eingerichtet werden".

# § 9

*„Einen Finder zu erfinden für alle Dinge"*[112]:

## PARADIGMAWECHSEL

Einflüsse des englischen Empirismus auf Lichtenberg sind häufig vermerkt worden. Der Göttinger Experimentalphysiker selbst hat sich vor allem auf Francis Bacon berufen, der anderthalb Jahrhunderte vor ihm die Wissenschaft auf eine täuschungsfreie experimentelle Erfahrung zu gründen und auf diesem Fundament mit Hilfe von Induktionsregeln eine neue Methodenlehre des Entdeckens und Erfindens zu entwickeln versuchte.[113] „Es gibt auch ein Wort Gottes zum bessern Denken und sicherer Erforschung der Natur", notierte er 1792, „Baco[n]'s Novum Organum ist einer der besten Kommentatoren darüber." [J 1067] Die Einflußfrage bleibt dabei nebensächlich. Von zwei frühen Notizen abgesehen [C 209 und 278: 1773], tritt Bacon ohnehin erst mit Lichtenbergs letztem Lebensjahrzehnt in seinen Sudelbüchern auf. Wohl aber wirft bei solcher Wahlverwandtschaft der als gleichgesinnt Gewählte Licht auf seinen Wähler.

Das ‚Novum Organum Scientiarum', sein um 1620 verfaßtes Hauptwerk, hat Lichtenberg im Sudelbuch J [1242] mit dem Vermerk ausgezeichnet: „Bacon's Organon soll eigentlich ein heuristisches Hebzeug sein." Als ein solches Werkzeug aber, mit dessen Hilfe das in der Tiefe des Unerforschten Liegende ans Licht der Erkenntnis gehoben werden kann, hatte Bacon seine experimentelle Ars inveniendi nun keineswegs allein auf die naturwissenschaftliche Forschung bezogen. Im ‚Novum Organum' stehen die Sätze: „Etiam dubitabit quispiam potius quam objiciet; utrum nos de naturali tantum philosophia, an etiam de scientiis reli-

quis, logicis, ethicis, politicis, secundum viam nostram perfi-
ciendis, loquamur. At nos certe de universis haec, quae dicta
sunt intelligimus: Atque quemadmodum vulgaris logica,
quae regit res per syllogismum, non tantum ad naturales,
sed ad omnes scientias pertinet; ita & nostra, quae procedit
per inductionem, omnia complectitur. Tam enim historiam
& tabulas inveniendi conficimus de ira, metu & verecundia,
& similibus; ac etiam de exemplis rerum civilium: nec minus
de motibus mentalibus memoriae, compositionis & divisio-
nis, judicii, & reliquorum; quam de calido & frigido, aut
luce, aut vegetatione, aut similibus." [‚Man wird wohl zweifeln, wenn auch der Einwand nicht laut wird, ob ich hier nur
von der Naturphilosophie spreche oder ob auch die übrigen
Wissenschaften, die Logik, Ethik, Politik, nach meiner Methode behandelt werden sollen. Nun gilt das, was ich hier
gesagt habe, gewiß für alles. So wie schon die gewöhnliche
Logik, welche durch den Syllogismus regiert, sich nicht bloß
auf die Naturwissenschaften, sondern auf alle Wissenschaften erstreckt, so umfaßt auch die meinige, die mittels Induktion voranschreitet, sie alle. Denn die auf Beobachtung ge-
gründeten Beschreibungen und die Tafeln zum Erfinden verfertige ich auch über den Zorn, über die Furcht, die Scham
und ähnliches mehr; auch über die Dinge des politischen
Lebens; ebenso über die geistigen Vorgänge des Gedächtnis-
ses, des Zusammensetzens, der Teilung, des Urteilens und
anderer; nicht weniger über das Warme, das Kalte oder das
Licht, das Wachstum oder ähnliches.‘][114]
Mit diesem Programm mündet die Renaissancephiloso-
phie in das Aufklärungsdenken: Diesen Fundamentalsätzen
Francis Bacons korrespondiert in Lichtenbergs Sudelbüchern die zur kardinalen Suchformel komprimierte Losung,
„Einen Finder zu erfinden für alle Dinge"! [J 1621] Erfunden
hat er einen solchen Stein der Weisen freilich nicht. Aber
ge*funden* hat er ihn. Der skeptische, hypothetische, experimentelle Konjunktiv wurde sein „Finder für alle Dinge".

Seine Versuche, die naturwissenschaftliche Entdeckungs- und Erfindungsbemühung auf den humanwissenschaftlichen (historischen, politischen, gesellschaftlichen, psychologischen, anthropologischen, religiösen, ästhetischen) Bereich zu übertragen, beruhen auf der Hypothese übergreifender Strukturhomologien. Er experimentiert dabei mit Modellkonstanten, wie sie in gleicher Weise bei Transformationen auch innerhalb des naturwissenschaftlichen Arbeitsfeldes von ihm erwogen werden: „Ich glaube unter allen heuristischen Hebezeugen ist keins fruchtbarer, als das, was ich *Paradigmata* genannt habe. Ich sehe nämlich nicht ein, warum man nicht bei der Lehre vom Verkalchen der Metalle [Oxydieren im Feuer] sich Newtons Optik zum Muster nehmen könne. Denn man muß notwendig heut zu Tage anfangen, auch bei den ausgemachtesten Dingen, oder denen wenigstens, die es zu sein scheinen, ganz neue Wege zu versuchen." [in K 312] Auf der Spur solcher struktuellen Homologien tritt nun das Hebzeug des grenzüberschreitenden hypothetischen Konjunktivs als „Finder für alle Dinge" in Aktion. Ein im Nachlaß erhaltenes Blatt zur Vorrede des ‚Parakletor' enthält die Notiz

> „Eine der grössten und wichtigsten Erfindungen *wäre* wohl [...] eine Sprache, in welcher die Iliade übersetzt gleichlautend mit Newtons Principiis *wäre,* so dass der Weltweise, der Arzt, der Theologe, der Jurist, wenn er, es sei was für ein vollkommenes Werk in jeder Wissenschaft es wolle, auch in derjenigen, wovon er nicht die mindeste Kenntnis und wofür er nicht das mindeste Gefühl hat, *läse,* allemal ein vollkommenes Werk s e i n e s Faches zu lesen *glaubte.*"[115]

Solche ‚Übersetzungen' hat er mehrfach bedacht. 1758 hatte Tobias Mayer der Göttinger Sozietät der Wissenschaften ein auf Mischungsverhältnisse gegründetes neues Verfahren zur Messung von Farben mitgeteilt[116]. In den Göttingischen Ge-

lehrten Anzeigen[117] hieß es dazu, daß aus Mischungen von
je zwei der drei Hauptfarben Rot, Gelb und Blau 33 Neben-
farben entstünden, aus Mischungen aller drei Hauptfarben
weitere 55: „so kommet die Anzahl sämtlicher Farben, die
sich noch deutlich unterscheiden lassen, auf 91. Weil diese
Zahl eine Trigonalzahl, deren Seite 13, ist; so können diese
Farben insgesamt in einem gleichseitigen Triangel, der in 91
Felder abgetheilt worden, vorgestellet werden, dergestalt,
daß die 3 Hauptfarben in die Ecken, die aus zweyen vermischte in die innern Felder zu liegen kommen, und zwar
den Hauptfarben desto näher, je mehr sie von solchen in
sich halten." – Lichtenberg, 1774:

> „Nach dem Mayerschen Farben-Triangel *ließe* sich ein
> Religionen-Triangel verfertigen." [D 330][118]

Der gleichen Regel eines transformierenden Verfahrens,
welche hier dem Spezialfall einer Modellübertragung aus
der Optik in die vergleichende Religionsgeschichte zugrunde
liegt, folgt in einer späteren Sudelbuchbemerkung der Konjunktiv II, der im nachhinein [Plusqu.] die Möglichkeit eines
schwindelnd kühnen Theorems proklamiert:

> „Ich glaube, daß man durch ein aus der Physik gewähltes
> Paradigma, auf Kantische Philosophie *hätte* kommen *kön-
> nen.*" [K 313]

„Diese Erfindungsregel durch Paradigmata hilft freilich dem
Dummkopfe nicht", beginnt die unmittelbar folgende Notiz; „denn dieser taugt gar nicht zum Erfinden, eben weil er
ein Dummkopf ist." [in K 314] – „So ist Bacons Organon
freilich ein vortreffliches heuristisches Hebzeug", heißt es in
den ‚Geologischen Phantasien', „aber es will gehoben
sein."[119] Das gilt durchaus auch für den Konjunktiv. Nicht
dem Hebzeug als solchem darf man doch zuschreiben, was
Lichtenberg in sein Bewußtsein hob und uns zum Nachdenken hinterließ. Das Instrument ist ein Ermöglichungsgrund;

der es zur Hand nimmt, macht erst die Musik. Was Lichtenberg einbringt in das Spiel der Konjunktive, ist eine wahrhaft genialische Einfallskraft, die in solchen sprachlichen
Formen das ihr angemessene Ausdrucksmittel findet, zugleich aber durch die habitualisierten Suchformeln dieser
konjunktivischen Konstruktionen befördert und geleitet
wird – auf allen Gebieten, in denen dieser Physiker experi-
mentierte.

> „*Vielleicht* ein Barometer mit Vitriolöl zu machen es
> *könnte* aus 4 bis 5 in einander geschmirgelten Röhren
> bestehen. [J 1769]

Gleich darauf die theoretische Bestimmung: „Man muß etwas Neues machen um etwas Neues zu sehen." [J 1770] Die
gleiche Konjunktivkonstruktion dann in einer nicht mehr
auf die Physik, sondern auf die Zeitgeschichte bezogenen
Bemerkung:

> „Es *ließe* sich *vielleicht* ein ganz guter Aufsatz über die
> Namen von Hunden schreiben. Mélac nennt man Hunde,
> nach dem bekannten privilegierten Mordbrenner. Viel-
> leicht gibt es nach der französischen Staatsumwälzung
> auch Namenumwälzung unter den Hunden. Custine *wäre*
> ein herrlicher Name für einen, der viel bellt und nicht
> beißt, wenigstens nicht wo er soll. Kotzebue *müßte* not-
> wendig einer heißen. Ehrliche Leute, die noch so heißen,
> kann es so wenig verdrießen, wie den türkischen Kaiser,
> daß so viele Hunde Sultan heißen." [K 258]

In ein Barometer nicht, wie üblich, Quecksilber zu füllen,
sondern versuchsweise „Vitriolöl" (rauchende Schwefelsäu-
re); oder in einem Aufsatz zur Zeitgeschichte nicht, wie gewohnt, über Staatsaktionen zu schreiben, sondern probeweise über die wechselnde Mode der „Namen von Hun-
den": hier wie dort dient der Versuch, etwas Neues zu machen, dem Verlangen, etwas Neues zu sehen. Hier wie dort

wäre (wenn der Versuch die leitende Hypothese nicht als lehrreichen Irrtum erweist) eine neue, eine genauere, berichtigte, ergänzte, vertiefte Einsicht das mögliche Ergebnis des Experiments (dessen Versuchsbedingungen von dieser Hypothese bestimmt werden).

# § 10

„*Was leidet es für Abweichungen,*
*wenn man gewisse Umstände ändert?*"[120]:

## KONJUNKTIVISCHE KONDITIONALSÄTZE

Versuchsanordnungen in der Physik lassen sich definieren als planmäßige Abweichungen von den Umständen, unter welchen natürliche Prozesse ohne menschliches Zutun ablaufen. Dem liegt die Erwartung zugrunde, daß (nur) unter solchen Bedingungen bestimmte Beobachtungen angestellt und bestimmte Einsichten gewonnen werden können. Auf die Kategorien von Bedingung und Folge oder Ursache und Wirkung gegründet, findet dieses der neueren Naturwissenschaft selbstverständliche Verfahren seine unmittelbare formalgrammatische Entsprechung in der mit Konjunktiv II-Morphemen versehenen ‚Wenn-Dann'-Konstruktion. Als das bevorzugte „heuristische Hebzeug" sowohl des Experimentalphysikers wie des Aufklärers, der dem Gedanken anhängt, es könnte anders oder sollte besser sein, erweist sich deshalb in Lichtenbergs Sudelbüchern das Konditionalgefüge, dessen bedingender Gliedsatz (‚*Wenn* ...') die Versuchsanordnung darstellt und dessen bedingter Hauptsatz (‚*dann*' oder ‚*so* ...') das Ergebnis eines solchen Experiments angibt oder erfragt.

Auch in indikativischen ‚Wenn-so'-Sätzen, die in den Sudelbüchern vergleichsweise selten verwendet werden, ergeben sich die Hauptsatzaussagen aus den Gliedsatzvorgaben.

„*Wenn* die wilden Schweine dem armen Manne seine Felder *verderben, so rechnet* man es ihm unter dem Namen Wildschaden für göttliche Schickung an." [B 304]

Aber die nicht nur durch ‚Falls‘, sondern auch durch ‚Immer wenn‘ oder ‚Sobald‘ ersetzbare Konjunktion des Gliedsatzes zeigt hier offenbar eine temporale Einfärbung. Dem syntaktischen Abhängigkeitsverhältnis entspricht in solchen Fällen keineswegs eine semantische Abhängigkeit, welche den Inhalt des ‚Wenn‘-Satzes als ursächliche Voraussetzung für den des ‚so‘-Satzes und diesen als dessen zwingende Folge zu verstehen gibt. Vielmehr werden hier gängige Urteils- oder Verhaltensreaktionen auf die mit dem Indikativ als realisiert oder realisierbar ausgegebenen ‚Wenn‘-Vorgaben abgebildet.

> „*Wenn* jemand Lavatern vor die Stirne *schlägt* und *sagt,* so wache doch auf Träumer, *da schimpfen* die Kandidaten der Empfindsamkeit, die Bürger *brummen* und *murren* und die politischen Weisen *zischeln* sich auf der Straße in die Ohren, [...] daß man glauben sollte die Äbtissin wäre mit Zwillingen niedergekommen oder der Erzbischof hätte den Dripper. Aber *wenn* jemand der gesunden Vernunft vor den Kopf *schlägt, das achtet* man so viel als ein Bohnenfleckgen." [D 30]

Wo aber dem indikativischen Konditionalgefüge tatsächlich ein inhaltliches Konditionalverhältnis zugrunde liegt, erscheint die eigentliche Folge vorzugsweise gerade im Voraussetzungssatz (‚*Wenn* ...‘), die sachliche Voraussetzung hingegen im Folge-Satz (‚so ...‘):

> „*Wenn* du in einer gewissen Art von Schriften groß werden *willst, so lese* mehr, als die Schriften dieser Art." [in D 110]

In solchen Lehrsätzen nämlich (die Kant als ‚hypothetische Imperative‘ bezeichnete[121]) wird das tatsächliche Abhängigkeitsverhältnis didaktisch umgepolt. Das Konditionalgefüge folgt der Überlegung, auf welche Weise ein erstrebtes oder unerwünschtes Ergebnis erreicht oder vermieden werden könnte, indem es das Beabsichtigte als Vorgegebenes im ‚*Wenn*‘-Satz mitteilt, seine Bedingung hingegen als das Nichtgegebene und zum vorgesetzten Zweck doch Erforderliche oder Ratsame in den imperativischen ‚dann‘-Satz stellt.

Demgegenüber beruhen nun die experimentellen Konstruktionen, welche in Lichtenbergs Sudelbüchern den zahlenmäßig weit überwiegenden Regelfall des Konditionalgefüges bilden, darauf, daß dem formal bedingenden Gliedsatz auch die substantielle Bedingung zugeordnet wird und dem von diesem Gliedsatz abhängigen, bedingten Hauptsatz entsprechend das aus einer solchen Bedingung Resultierende:

„*Hätte* ich zu Vardöhus [Festung der norwegischen Hafenstadt Vardö] einen Kirschkern in die See *geworfen, so hätte* der Tropfen Seewasser den Myn Heer am Kap von der Nase wischt nicht gnau an dem Ort *gesessen.* [in D 55]

Vornehmlich das Modusmorphem markiert in solchen Fällen den Umstand, daß die Versuchsbedingungen abweichen vom Wirklichen, Üblichen, Wahrscheinlichen, Möglichen usf. Nahezu ausnahmslos steht der Bedingungssatz deshalb im Konjunktiv II.

„*Gäbe* es nur lauter Rüben und Kartuffeln in der Welt, [...]“.

Welchen Grad diese vom Konjunktiv signalisierte Abweichung der Versuchsbedingungen im Einzelfall besitzt (nicht realisiert, obgleich zweifellos oder möglicherweise realisierbar; oder nicht realisiert, weil keinesfalls, vermutlich nicht, nicht mehr, noch nicht realisierbar), ob man es nach der herkömmlichen, ungenauen und genau besehen irreführenden Unterscheidung also mit einem ‚Conjunctivus potentialis‘ oder ‚irrealis‘ zu tun hat, das geht allein aus dem Kontext hervor oder wird als bekannt vorausgesetzt.[122]

Im Konjunktiv II steht in aller Regel dann auch der Resultatsatz:

„[…], so *würde* einer vielleicht einmal *sagen,* es ist schade
daß die Pflanzen verkehrt stehen." [C 272]

Denn die Realitätsabweichung der Versuchsanordnung, wie
sie der Konjunktiv II anzeigt, gilt als Bedingung seiner Gültigkeit notwendigerweise auch für das Ergebnis des jeweiligen Experiments und fordert für den bedingten Hauptsatz,
der dieses Resultat angibt oder erfragt, also das gleiche Modusmorphem.[123] Ausnahmefälle sind offensichtlich ohne
Sinnverschiebung auf ein Konditionalgefüge mit Konjunktiv II in b e i d e n Sätzen zurückzuführen:

„*Wenn* sie auf dem Leihhause Menschen *annähmen, so
möchte* ich wohl wissen wie viel ich auf mich geborgt
bekäme. [→ ‚wieviel *bekäme* ich *dann* wohl auf mich geborgt?‘] So sind die Schuldtürme [= Haftanstalten für
nicht zahlungsfähige Schuldner] eigentlich Leihhäuser, in
welchen man nicht sowohl auf Meubeln, als auf die Besit-
zer selbst Geld leiht." [J 208]

„*Wenn* es wahr *ist,* was ich irgendwo einmal gelesen habe,
daß niemand eher *stürbe* [→ ‚*Wenn* das wahr *wäre*‘ oder
‚*Wenn* niemand eher *stürbe*‘] bis er wenigstens etwas Ge-
scheites getan, so *hat* [→ ‚*hätte*‘] M… einen Unsterblichen
gezeugt." [F 553]

In den derart strukturierten experimentellen Konditional-
sätzen der Sudelbücher wird der Konjunktiv II vergleichsweise selten durch die (bisher vorgeführten) Präteritum-
oder Plusquamperfekt-Morpheme realisiert. Als Normal-
form für den bedingenden, meist auch für den bedingten
Teilsatz erscheint vielmehr der Konditional 1. Vom Sprachgebrauch der Zeit weicht Lichtenberg damit offenbar sehr
entschieden ab (nach den Zählungen Engström-Perssons jedenfalls tauchen ‚würde‘-Formen in den bedingenden Sätzen
des Konditionalgefüges um 1800 ganz selten auf[124]); Aus-
tauschproben lassen vermuten, daß er den Abweichungscha-

rakter der Versuchsanordnung im bedingenden Satz und den Folgecharakter des Resultats im bedingten Satz vom Konditional 1 deutlicher markiert empfand als vom Konjunktiv des Präteritums.

> „*Wenn* ein Schacht durch den Mittelpunkt der Erde *getrieben würde, so würde* man ohne Hindernis hinein springen *können,* wenn sonst die Luft einen nicht tödete am Mittelpunkt der Erde, würde man eine Geschwindigkeit haben mit der man wieder bis an die andere Öffnung des Schachts fiele und ganz gemächlich ankäme." [A 200]

Hier ist der Versuch tatsächlich nichts weiter als ein „Kompliment", das man der Gravitationslehre macht, eine „bloße Zeremonie. Wir wissen ihre Antworten schon vorher." [in E 332] (vgl. oben Seite 55) Nicht etwa weil Ungewisses oder Unbekanntes erprobt würde, erscheint dieser Demonstrationsversuch im Abweichungsmodus des Konjunktivs II [Kondit. 1], sondern weil die Bohrung durch den Erdmittelpunkt in der Realität auf Hinderungsgründe stieße, deren Ausschaltung nurmehr vorstellbar, nicht aber praktisch zu bewerkstelligen ist. Nicht in der Praxis, sondern allein in der Theorie, mit Hilfe des Vorstellungsvermögens und der Imaginationskraft können solche Versuche veranstaltet werden. Damit stößt man auf ein für Lichtenbergs konditionalen Konjunktivgebrauch fundamentales Prinzip: „Man muß mit Ideen *experimentieren",* schreibt er im Sudelbuch [in K 308]; „mit Gedanken zu experimentieren", wie er selbst das paraphrasiert, heißt aber zugleich, in Gedanken experimentieren.

Für den gleichen Formtyp ein Beispiel aus dem Bereich der Erziehungswissenschaft, das eine erläuternde Vorbemerkung braucht. Mit seinem Zeitalter, ausgewiesen als eine Epoche der Aufklärung durch sein ganz außerordentliches Interesse an der Theorie und Praxis der Erziehung, teilte Lichtenberg die Grundüberzeugung von der „Perfektibili-

tät" des Menschen.[125] Auch die Aufklärungspädagogik aber
setzte dieser Konjunktivliebhaber seiner aufklärerischen
Skepsis aus. Er warf die Frage auf, ob diejenigen philanthro-
pinistischen Lehranstalten seiner Zeit, die sich in den von
Basedow und anderen vorgezeichneten engen Bahnen hiel-
ten und ihren Unterricht konsequent auf vorprogrammierte
Lernziele ausrichteten, diesen Fortschritt nicht allzu teuer
bezahlten mit der Verabschiedung des Spontanen, Unbeab-
sichtigten und Unabsehbaren und es auf solche Weise ver-
säumten, den Schüler weiter zu bringen als seine Lehrer. „Es
*wäre* der Mühe wert", schrieb er deshalb [F 38], „zu untersuchen, ob es nicht schädlich ist zu sehr an der Kinderzucht zu
polieren. Wir kennen den Menschen noch nicht genug um
dem Zufall, wenn ich so reden darf, diese Verrichtung ganz
abzunehmen. Ich glaube, wenn unsern Pädagogen ihre
Absicht gelingt, ich meine, wenn sie es dahin bringen können, daß sich die Kinder ganz unter ihrem Einfluß bilden, so
werden wir keinen einzigen recht großen Mann mehr be-
kommen. Das Brauchbarste in unserm Leben hat uns gemeiniglich niemand gelehrt. Auf öffentlichen Schulen, wo viel
Kinder nicht allein zusammen lernen, sondern auch Mutwil-
len treiben, werden freilich nicht so viel fromme Schlafmüt-
zen gezogen, mancher geht ganz verloren, den meisten sieht
man aber ihre Überlegenheit an. Bewahre Gott, daß der
Mensch, dessen Lehrmeisterin die ganze Natur ist, ein
Wachsklumpen werden soll, worin ein Professor sein erha-
benes Bildnis abdruckt." Aus diesen Vorstellungen nun re-
sultiert die Sudelbuchnotiz:

„Ich bin überzeugt, daß, *wenn* Gott einmal einen solchen
Menschen schaffen [*würde*], wie ihn sich die Magistri und
Professoren der Philosophie vorstellen, er *müßte* den er-
sten Tag ins Tollhaus gebracht *werden*."

Wie zuvor von der Geltung des Gravitationsgesetzes ist
Lichtenberg hier von der Unzulänglichkeit pädagogischer

Zielbestimmungen überzeugt. Sein Demonstrationsversuch
– da Gott sich den Wünschen der Pädagogik-Professoren
nicht bequemt, ist er wiederum angewiesen auf das konjunktivische Gedankenexperiment – dient lediglich der Bestätigung des vorab Gewußten. Diese Probe aufs Exempel
freilich, die beim physikalischen Beispielfall im fiktiven Experiment einer Bohrung durch den Erdmittelpunkt besteht,
spielt hier in anderer Form sich ab. Ausdrücklich erklärt der
unmittelbar folgende Satz:

„Man *könnte* daraus eine artige Fabel machen: Ein Professor bittet sich von der Vorsicht [Vorsehung] aus ihm
einen Menschen nach dem Bilde seiner Psychologie zu
schaffen, sie tut es und er wird in das Tollhaus gebracht."
[F 33]

Mit dem Wechsel des Paradigmas vom naturwissenschaftlichen in den Bereich, welchen diese Zeit zusammenfassend
als ‚Wissenschaft vom Menschen' bezeichnete, rückt an die
Stelle des in Gedanken veranstalteten physikalischen Versuchs also die „Fabel", die lehrhafte Erzählung, der dichterische Versuch. Beide erscheinen als Hervorbringungen der
Imaginationskraft, und ihre Funktionsgleichung im Rahmen
des hier erörterten Strukturmodells beruht auf der ihnen
gemeinsamen ‚konjunktivischen' Qualität: der Abweichung
von der Realität, dem Fiktions-Charakter also, der sie in
gleicher Weise bestimmt.

Solche Demonstrationsversuche außerhalb des naturwissenschaftlichen Bereichs beschränken sich in der Regel nicht
darauf, vorab Gewußtes nurmehr zu bestätigen. Indem sie
ein schlechtes Bestehendes nachweisen, zielen sie darüber
hinaus auf ein besseres Anderes. Von kritischen Gedankenexperimenten, die sich durchaus noch in den Grenzen des
Verwirklichungsmöglichen halten, führt das zu nurmehr sa-
tirischen Veranstaltungen:

„*Wenn* man einmal Nachrichten von Patienten *gäbe*, denen gewisse Bäder und Gesundheitbrunnen nicht geholfen haben, und zwar mit eben der Sorgfalt, womit man [jetzt] das Gegenteil tut, es *würde* niemand mehr hingehen, wenigstens kein Kranker." [K 262]

„Die Spitzbuben *würden* allerdings gefährlicher *sein*, oder es *würde* eine neue Art von gefährlichen Spitzbuben *geben, wenn* man einmal anfangen *wollte* die Rechte zu studieren um zu stehlen, als man sie [= so wie man sie jetzt] studiert um ehrliche Leute zu schützen; es muß unstreitig zur Vollkommenheit der Gesetze beitragen, wenn es Spitzbuben gibt, die sie studieren um ihnen mit heiler Haut auszuweichen." [F 127]

Neben vollständigen Konditionalgefügen dieser Art erscheinen in den Sudelbüchern zahlreiche Sonderformen, welche (allgemeinem Sprachgebrauch folgend[126]) die ‚Bedingungen' nicht im Gliedsatz, sondern mit anderen sprachlichen Mitteln darstellen. „Ich bin aus vielfältiger Erfahrung überzeugt," schreibt Lichtenberg, „daß die wichtigsten und schwersten Geschäfte in der Welt, die der Gesellschaft den meisten Vorteil bringen, durch die sie lebt und sich erhält, von Leuten getan werden die zwischen dreihundert und 800 oder 1000 Taler Besoldung genießen, [...]". Die Geltung dieses sozialökonomischen Erfahrungssatzes demonstriert nun der im folgenden skizzierte Versuch. Er zeigt, daß niedrigere wie höhere Einkommensgruppen nur selten mit schwierigen und wichtigen Tätigkeiten befaßt sein können:

„[...] zu den meisten Stellen, mit denen 20, 30, 50, 100 Taler oder 2000, 3000, 4000, 5000 Taler verbunden sind, *könnte* man nach einem halbjährigen Unterricht jeden Gassenjungen tüchtig machen, und sollte der Versuch nicht gelingen, so suche man die Schuld nicht im Mangel an Kenntnissen, sondern in der Ungeschicklichkeit, diesen Mangel mit dem gehörigen Gesicht zu verbergen." [D 573]

Auch ein solcher Text, in dem der ausgeführte Bedingungssatz durch ein Präpositionalgefüge vertreten wird, ist konditional strukturiert, so daß die Umsetzung in einen vollständigen ‚Wenn-dann'-Satz keine Bedeutungsveränderung zur Folge hätte: ‚*Wenn* man einem Gassenjungen einen halbjährigen Unterricht *gäbe, so könnte* man ihn zu den meisten Stellen, mit denen Einkünfte von 5000 Talern verbunden sind, tüchtig machen.' Um die Jahreswende 1774/75 hat Lichtenberg das notiert. Da bezog er als Professor extraordinarius neben seinen Kolleggeldern ein Grundgehalt von jährlich 200 Talern (später als Ordinarius 360, ab 1784 460 Taler): daß er meinte, es könnte besser sein, wird man ihm kaum verdenken wollen.[127]

‚Gedankenexperimente', die ausdrücklich feststellen, was aufgrund bestimmter Bedingungen erfolgen müßte oder zu erwarten wäre (‚‚*Gäbe* es nur lauter Rüben und Kartuffeln in der Welt, *so würde* einer vielleicht einmal *sagen*, es ist schade, daß die Pflanzen verkehrt stehen'' [C 272]), sind allemal Demonstrationsversuche (wie oben Seite 55 definiert). Die stellen keineswegs eine Lichtenbergsche Erfindung dar. Aber schon die ältesten, die vorsokratischen Beispiele für eine solche Gedankenoperation mit dem ‚Naturunmöglichen' (die in Anlehnung an die aristotelische ‚reductio ad impossibile' von der späteren Rhetorik als ‚ἀδύνατον' bestimmt wird[128]) bilden sich unter Bedingungen, welche begreiflich machen, weshalb sie sich in Lichtenbergs Aufzeichnungen auf so offensichtlich bezeichnende Weise häufen.

Xenophanes (B 15):

ἀλλ' εἰ χεῖρας ἔχον βόες ⟨ἵπποι τ'⟩ ἠὲ λέοντες
ἢ γράψαι χείρεσσι καὶ ἔργα τελεῖν ἅπερ ἄνδρες,
ἵπποι μέν θ' ἵπποισι βόες δέ τε βουσὶν ὁμοίας
καί ⟨κε⟩ θεῶν ἰδέας ἔγραφον καὶ σώματ' ἐποίουν
τοιαῦθ' οἷόν περ καὐτοὶ δέμας εἶχον ⟨ἕκαστοι⟩.

[‚Doch *wenn* die Ochsen und Rosse und Löwen Hände *hätten* oder malen *könnten* mit ihren Händen und Werke bilden wie die Menschen, *so würden* die Rosse roßähnliche, die Ochsen ochsenähnliche Göttergestalten malen und solche Körper bilden, wie jede Art gerade selbst ihre Form hätte.‘]

Xenophanes (B 38):

εἰ μὴ χλωρὸν ἔφυσε θεὸς μέλι, πολλὸν ἔφασκον
γλύσσονα σῦκα πέλεσθαι.

[‚*Wenn* Gott nicht den gelblichen Honig erschaffen *hätte, so würde* man meinen, die Feigen seien viel süßer (: als sie uns jetzt erscheinen).‘]

Heraklit (B 7):

εἰ πάντα τὰ ὄντα καπνὸς γένοιτο, ῥῖνες ἂν διαγνοῖεν.

[‚*Würden* alle Dinge zu Rauch, *so würde* man sie mit der Nase unterscheiden.‘][129]

Diese Aussprüche beruhen auf empirischer Beobachtung, entspringen erkenntniskritischer Skepsis und führen zur Einsicht in die Relativität menschlicher Vorstellungen. Wie die grammatisch-syntaktische Figur der konjunktivisch-konditionalen Notizen Lichtenbergs den hier angeführten Fragmenten der Vorsokratiker entspricht, so korrespondieren deshalb auch seine Gedankenfiguren ihren frühen Einsichten (D 201: „Gott schuf den Menschen nach seinem Bilde, das heißt *vermutlich* der Mensch schuf Gott nach dem seinigen." – in J 2078: „Man bedenke nur *wenn* wir keine Augen *hätten*, wodurch *offenbarte* sich uns das Licht.").

Daß nun Lichtenbergs konjunktivische Konditionalgefüge, die in den Sudelbüchern ja nicht mehr nur vereinzelt, sondern in ganz außerordentlicher, höchst charakteristischer Häufung auftreten, ihre Pflanzschule tatsächlich auf dem Arbeitsfeld des Experimentalphysikers hatten, läßt der bisher erörterte Typus des Demonstrationsversuchs allenfalls vermuten. In der Mehrzahl seiner Verwendungsfälle aber wird das „heuristische Hebzeug" dieser grammatischen Konstruktion für Versuche mit durchaus ungewissem Ausgang eingesetzt: für das Experiment also im eigentlichen Sinn des Wortes, das auf Entdeckung zielt. Den Übergang dorthin bezeichnen Fälle, in denen der bedingte Hauptsatz keineswegs mehr ein schon vorab vollständig und sicher Gewußtes mitteilt, der Versuch also nicht mehr nur als „Kompliment" an die Natur erscheint („Wir wissen ihre Antworten schon vorher"):

> „*Wenn* sich das violette Licht z. B. langsamer *bewegte* als das rote, *so würde*[n] sich bei der Aberration verschiedene Farben zeigen müssen nicht wechselnd sonder[n] stet, vielleicht so was wie Doppelsterne." [J 1808]

> „Wir *würden* gewiß Menschen von sonderbarer Gemüts-Art kennen lernen, *wenn* die großen Striche, die jetzo Meer sind, bewohnt *wären,* und wenn vielleicht in einigen Jahrtausenden unser gegenwärtiges festes Land Meer und unsere Meere Länder sein werden, so werden ganz neue Sitten entstehen, über die wir uns jetzo sehr wundern sollten." [A 39]

Beidemale erscheint das Versuchsergebnis zwar grundsätzlich absehbar. Verschiedene Farben würden im ersten Fall sich „zeigen *müssen".* Und die hypothetischen Konjunktive im zweiten Fall („Wir *würden* ..., wenn ... *wären")* werden gar in den sichernden futurischen Indikativ transformiert („wenn ... *werden, so werden"):* der Demonstrationsversuch bestätigt, daß bestimmte Eigenschaften und Verhaltensweisen der Menschen abhängig sind auch von ihren geologisch-klimatischen Lebensbedingungen. Aber im Detail bleibt das Resultat der vorgestellten Bedingung beidemale doch offen – „*vielleicht* so was wie Doppelsterne" und „ganz neue Sitten" dann, „über die wir uns jetzo sehr wundern *sollten."* Deutlicher noch wird in solchen Gedankenex-

perimenten die Fraglichkeit der Versuchsergebnisse markiert, wenn, mit hypothetischen Konjunktiven kombiniert,
ausdrückliche Mutmaßungsvokabeln den Text bestimmen:

> „*Wenn* die Welt statt unsrer jetzigen Lufft mit dephlogisti-
> sirter umgeben *wäre. Ich glaube, man könte* die Welt mit
> einer Pfeife Taback in Brand stecken."[130]

Hier nähert sich der nachgestellte Vermutungssatz bereits
der expliziten Fragestellung („..., könnte man dann nicht
...?'). In reiner Form schließlich bildet das durch ungewissen Ausgang definierte physikalische Experiment in der Fülle jener Sudelbuchnotizen sich ab, in denen der bedingte
Hauptsatz (der beim Demonstrationsversuch das vorab gesicherte Ergebnis mitteilte: ‚Wenn man das und das machte,
so würde das und das geschehen') tatsächlich nurmehr die
offene Frage formuliert, auf die der Versuch erst Antwort
geben soll:

> „*Was würde* geschehen *wenn* ich einmal in den Papiniani-
> schen Topf [: Dampfkochtopf] Alkohol *brächte* und beim
> Auskochen *anzündete?* NB. Der Versuch müßte wohl zu-
> erst auf dem Garten im Freien angestellt werden." [in J
> 1733]

> „*Was würde* geschehen, *wenn* man in Haarröhrchen das
> Wasser von oben herab ziehen *ließe?* Wenigstens muß die-
> ser besondere Fall mit Lalande's Theorie vereinigt werden
> können. Der Versuch ist leicht." [K 330]

Beidemale geht es noch um ausdrücklich geplante, jedenfalls
durchaus praktikable Versuche, und die Aufzeichnungen
des Experimentalphysikers enthalten nach Art von Merkzetteln viele solcher Projektnotizen. Diese (eine) Zweckbestim-
mung der Sudelbücher ist ohne Zweifel eine der unmittelba-
ren Ursachen für die ungewöhnliche Verwendungshäufigkeit des Konjunktivs als eines besonders handlichen Instru-

ments zur Inventarisierung experimenteller ‚Möglichkeiten‘; hier wirkt sich die Arbeitspraxis des Physikers offenbar unvermittelt auf seine Sprachgebung aus. Häufig aber skizzieren die Sudelbuchnotizen nun auch Experimente, die mit Rücksicht auf die versuchstechnischen Möglichkeiten der Zeit nicht ausführbar waren oder in der Realität prinzipiell nicht möglich, etwa durch ein entgegenstehendes positives Naturgesetz ausgeschlossen sind.

„*Was* für eine Bewegung *würde* ein Planet machen *wenn* der anziehende Mittelpunkt nach einem gewissen Gesetz seine Lage *änderte?*" [A 201]

„Unsere Erde fliegt in einer Eylinie um die Sonne deren Enden immer wieder zusammen treffen, also mit einer Geschwindigkeit, die gnau dem Zug angemessen ist, wo mit sie nach der Sonne hin will. *Was würden* die Folgen seyn, *wenn* dieses nicht *wäre?*"[131]

Solche Texte, die nicht mehr als Projektbeschreibung zu verstehen sind, als Vorsatz oder Entwurf eines wirklich auszuführenden Versuchs, stellen in sich selbst das Experiment dar: Gedankenexperimente unter irrealen Versuchsbedingungen mit offenem Ausgang, für die der Konjunktiv als derjenige Modus erscheint, der allererst und allein den Versuch ermöglicht. Hier wird der eigentlich zentrale Verwendungsfall des konjunktivischen Konditionalgefüges sichtbar, dessen heuristische Funktion der Experimentator auf die Formel brachte: „Was leidet es für Abweichungen, wenn man gewisse Umstände ändert?" [KA 329]

Gewisse Umstände zu ändern und nach den daraus resultierenden Abweichungen zu fragen (‚*Wenn das wäre, was wäre dann?*‘), verstand er als Grundregel der Erfindungslehre. Schon sein Lehrmeister Francis Bacon hatte im ‚Novum Organum‘ erklärt: „Rursus in moribus & institutis scholarum, academiarum, collegiorum, & similium conventuum, quae doctorum hominum sedibus & eruditionis culturae destinata sunt, omnia progressui scientiarum adversa inveniuntur. Lectiones enim & exercitia ita sunt disposita, ut aliud a consuetis haud facile cuiquam in mentem veniat cogitare aut contemplari. [...] Studia enim hominum in ejusmodi locis in quorundam authorum scripta, veluti in carceres conclusa sunt". [,Ferner findet man in den Gebräuchen und in den Einrichtungen der Schulen, Akademien, Kollegien und ähnlicher Kreise, die zum Sitz der Gelehrten und zur Pflege der Kultur bestimmt sind, daß hier alles dem Fortschritt der Wissenschaften feindlich ist. Die Vorlesungen und Übungen sind so eingerichtet, daß es niemandem so leicht einfällt, etwas anderes als das Herkömmliche zu denken und zu erwägen. [...] Denn die Studien der Menschen sind an solchen Orten wie in ein Gefängnis in die Schriften bestimmter Autoren eingesperrt.']¹³² Lichtenberg war gleicher Ansicht. Nachdenkend über die Frage, wie man „nach gewissen Regeln erfinden lernen könnte", notierte er im Sudelbuch: „die Haupt-Erfindungs-Sprünge scheinen so wenig das Werk der Willkür [: der vorsätzlichen Bemühung] zu sein als die Bewegung des Herzens." [in L 806] Einen entscheidenden Grund dafür meinte er in den eingewurzelten Denkgewohnheiten der Menschen feststellen zu können, in früh aufgepfropften Ansichten und fraglos gewordenen Lehrmeinungen. Als „Hauptursache" dessen, daß „die meisten Erfindungen durch Zufall müssen gemacht werden", bezeichnete er also den Umstand, „daß die Menschen alles so ansehen lernen wie ihre Lehrer und ihr Umgang es ansieht. Deswegen müßte es sehr nützlich sein einmal eine Anweisung zu geben wie man nach gewissen Gesetzen von der Regel abweichen könne." [in J 1329] Tatsächlich finden sich in den Sudelbüchern zahlreiche verstreute Anweisungen solcher Art, die dem erklärten Zweck dienen, an den Objekten der naturwissenschaftlichen Untersuchung das zu erkennen und zu bedenken, „was noch niemand gesehen und woran noch niemand gedacht hat" [in J 1363].[133] Die wichtigsten sammle und ordne ich hier:

Sie betreffen zunächst eine vom Vorgegebenen und Gewohnten abweichende analysierende oder synthetisierende Behandlung der Untersuchungsgegenstände. Einerseits also: „Läßt sich dieses in andere Dinge zerfällen? " [KA 310] Andererseits: Man muß „die Dinge vorsätzlich zusammen bringen" [in K 308] — wobei dieser zweiten Regel ein instruktives Beispiel vorangeht: „Wie viel Ideen schweben nicht zerstreut in meinem Kopf, wovon manches Paar, *wenn* sie zusammen *kämen,* die größte Entdeckung bewirken *könnte.* Aber sie liegen so getrennt, wie der Goslarische Schwefel vom Ostindischen Salpeter und dem Staube in den Kohlenmeilern auf dem Eichsfelde, welche zusammen Schießpulver machen würden. Wie lange haben nicht die Ingredienzen des Schießpulvers existiert vor dem Schießpulver! Ein natürliches aqua regis gibt es nicht [...] so muß man die Dinge vorsätzlich zusammenbringen. Man muß mit Ideen *experimentieren.*"

Weiter gehört zu diesen Regeln die (im Sprachgebrauch der Zeit unter die Fähigkeit zum ‚Witz' fallende) Schärfung der Aufmerksamkeit auf Entsprechungen zwischen Phänomen, welche die gängige Betrachtungsweise nicht miteinander in Verbindung bringt. „Relationen und Ähnlichkeiten zwischen Dingen zu finden, die sonst niemand sieht", fordert Lichtenberg; „Auf diese Weise kann Witz zu Erfindungen leiten"[134] — wofür als Beispiel seine Vermutung anzuführen wäre, „daß die Krystalle die beste Form *wäre[n],* unter der die ersten Grundteilchen beisammen bleiben können so wie Bewegung in Ellipsen um eine Sonne die beste Einrichtung für Weltsysteme ist, wenn sie dauren sollen. Unsere Gewölbe sind ebenfalls solche beste Formen. Die Form der Gewölbe ist eine Art Crystallisatio in die sich unverbundene Steine legen müssen um in ihr[er] Lage zu bleiben. Weiter auszuführen." [J 1829] Auf dieser Operation

beruht gleichermaßen die kühne These, „daß man durch ein
aus der Physik gewähltes Paradigma, auf Kantische Philosophie *hätte* kommen *können*" [K 313], wie der auf den My-
thos der vom Apoll verfolgten Daphne gerichtete amüsante
Gedanke, eine „Fleder-Maus *könnte* als eine nach Ovids Art
[→ ‚Metamorphosen'] verwandelte Maus angesehen werden, die, von einer unzüchtigen Maus verfolgt, die Götter
um Flügel bittet, die ihr auch gewährt werden." [D 65]

Dem folgt die Übertragung geläufiger Verfahrenstechniken in einen anderen, neuen Untersuchungs- oder Anwen-
dungsbereich. „Läßt sich dieses auf etwas anderes referie-
ren"? überlegt der Sudelbuchverfasser – und konkretisiert
das an dem Beispielfall: „so wie die Überwucht auf eine
geringere Schwere". [KA 309] Seine Frage, „warum man
nicht bei der Lehre vom Verkalchen der Metalle sich Newtons Optik zum Muster nehmen *könne*" [K 312], gründet
sich auf diese Regel ebenso wie die Notiz: „Bei einem kleinen Fieber glaubte ich einmal deutlich einzusehen, daß man
eine Bouteille Wasser in eine Bouteille Wein verwandeln
*könne* durch die nämliche Methode wie man eine Figur in
einen Triangel verwandelt." [B 360] Daß hier der Fieberzu-
stand in eine gleichsam konjunktivisch-experimentelle Lage
versetzt, indem er die Imaginationskraft von ihrer Verhaf-
tung an die ‚Indikative' der Realität befreit (wie häufig sonst
bei Lichtenberg der Traum), will ich vorläufig nur
anmerken.

Weiter betreffen diese Abweichungsregeln planmäßige
Veränderungen der im natürlichen Sinneseindruck gegebenen Größenverhältnisse von Untersuchungsobjekten. Wo
das Mikroskop oder das (umgekehrte) Fernglas für solche
Operationen nicht mehr zureichen, hat Lichtenberg Vergrö-
ßerungs- wie Verkleinerungsversuche in das Gedankenexperiment überführt. „Wir vergrößern alles um uns," schreibt
er, „wir sehen manche Dinge entsetzlich vergrößert, dieser
Satz gehörig genutzt führt auf vieles, Licht spalten heißt es

vergrößern" [in F 470], und notiert als Abbreviatur eines konjunktivischen Konditionalgefüges: „Die Welt so sehr vergrößert daß die Lichtteilgen wie 24pfündige Kanonen-Kugeln aussehen." [F 241] Eher fruchtbarer noch erschien ihm das umgekehrte Verfahren. „Wenn Scharfsinn ein Vergrößrungs-Glas ist, so ist der Witz ein Verkleinerungs-Glas. Glaubt ihr denn daß sich bloß Entdeckungen mit Vergrößerungs-Gläsern machen ließen? Ich glaube mit Verkleinerungs-Gläsern, oder wenigstens durch ähnliche Instrumente in der Intellektual-Welt sind wohl mehr Entdeckungen gemacht worden." [in D 469][135] Ein Exempel für diese Reduktionsregel liefert die Sudelbuchbemerkung „*Wenn* man das mittelländische Meer im kleinen vorstellen *wollte, so riskierte* man, daß es an einem warmen Tage einmal vertrocknete. Schlüsse hieraus auf Modelle und Versuche im kleinen überhaupt." [J 1719] Mehrfach hat er in seinen Gedankenexperimenten die Erdgestalt auf solche Weise behandelt. Und 1790 notierte er, aus diesem der Abweichungsregel in beiden Richtungen folgenden Versuch (einerseits eine Erde zu denken, „die zu einer Kugel von ¼ Zoll im Durchmesser" verkleinert ist, und andererseits dann einen „Turmalin der eine Welt wird" durch Vergrößerung) „*könnte* ein guter Traum gemacht werden. Erst wurde der Klumpen getrocknet, damit war die See weg, alles Quecksilber, alles Flüchtige. Wo ist denn aber das Gold? – Gold? es ist kein Gold darin. In dieser Steinart ist kein Gold pp. Wo sind denn die Sandwüsten von Asien, die Mark Brandenburg. Würklich hatte er die Hälfte von Afrika weggegossen. Feuer *würde* die ganze vegetabilische Welt zerstören, und alkalische Salze und tode Erde erzeugen." [in J 333] Episches Präteritum und Dialog zeigen hier schon den Ansatz zur erzählerischen Darstellung. Drei Jahre später hat Lichtenberg daraus dann in der Tat seine Erzählung ‚Ein Traum' „gemacht", in der dem Ich-Erzähler zur „chemischen Prüfung" des Minerals eine kleine „bläulich grüne und hier und da ins Graue spielende

Kugel" übergeben wird; „es war, nach einem verjüngten Maßstabe, nichts Geringeres als – die ganze Erde." Und umgekehrt bittet der Wißbegierige dort, daß „ein Senfkorn bis zur Dicke der ganzen Erde" vergrößert und ihm erlaubt werde, „die Berge und Flöze darauf zu untersuchen".[136]

Nicht nur die bloßen Größenverhältnisse zu ändern oder verändert zu denken, sondern überhaupt die Qualitäten der Untersuchungsobjekte zu verstärken oder zu reduzieren, zählt schließlich zu den Entdeckungsregeln, denen die Versuchsanordnungen in den Gedankenexperimenten der Lichtenbergschen Konditionalgefüge folgen. „Alles zu vergrößern und zu sehen was entstehen *könnte wenn* man Eigenschaften wachsen läßt," schreibt er in sein Sudelbuch; „und die größten Dinge abnehmen zu lassen in eben der Absicht. Dieses ist eine fruchtbare Mutter neuer Gedanken." [in J 1644] Bis zur versuchsweisen Ausschaltung bestimmter Elemente führt dieses Verfahren. „Es ist ein gutes Erfindungsmittel sich aus einem Systeme gewisse Glieder wegzudenken, und aufzusuchen, wie sich das übrige verhalten *würde*: zum Ex. *man denke sich* das Eisen aus der Welt weg, *wo würden* wir sein: dieses ist ein altes Exempel." [J 1571] Diese letzte Anweisung seiner Ars inveniendi hat er ihrerseits mit Hilfe der konjunktivisch-konditionalen Suchformel erfaßt, in deren Dienst er sie stellte:

„*Wenn* dieses gar nun *nicht* da *wäre, was würde alsdann* werden?" [KA 340]

Lichtenbergs Abweichungsregeln dienen der Überlegung, welche „Umstände" man ändern könne. Im bedingenden Gliedsatz des konjunktivischen Konditionalgefüges finden die mit ihrer Hilfe entwickelten Versuchsanordnungen Platz. Was für Folgen sich daraus ergeben würden, erfragt der bedingte Hauptsatz. Und worauf immer solche Erkundigungen unter abweichenden Voraussetzungen sich richten: er beschränkt sich in all diesen Fällen auf die bloße Frage.

„*Wie würde* es sich mit einem Würfel verhalten, der das Licht etwa nach der Diagonale anders *bräche* als nach den Seiten, oder nach einer der Seiten anders als nach der andern?" [J 1355]

„*Wenn* der Mensch, nachdem er 100 Jahre alt geworden, wieder umgewendet werden *könnte*, wie eine Sanduhr, und so wieder jünger würde, immer mit der gewöhnlichen Gefahr, zu sterben; *wie würde* es da in der Welt aussehen?" [K 277]

Solche Fragen auszuformulieren, ist auf den Merkzetteln der Sudelbücher kaum noch erforderlich. In vielen Fällen begnügt sich der Experimentator deshalb mit elliptischen Konditionalgefügen, setzt an die Stelle des bedingten Hauptsatzes nurmehr ein Fragezeichen, das die sinngemäße Ergänzung zum vollständig ausgeführten Gefüge markiert.

„*Wenn* die Erde so groß *würde* wie eine Flintenkugel, mit aller Materie darin in derselben Verhältnis wie jetzt? Und *wenn* hingegen der Turmalin zur Erde *würde* mit aller Materie in der Verhältnis wie jetzt? Diese Idee durchgesetzt. Analogien von Organisation." [in J 1488]

Auch dieses ‚konjunktivische' Fragezeichen, das als Schwundstufe eines Resultatsatzes die sinngemäße syntaktische Ergänzung solcher Notizen nahelegt, verliert sich am Ende aus Lichtenbergs Texten. Nicht nur in abgebrochenen Aufzeichnungen (welche die projektierte Konstruktion noch immer erkennen lassen) –

„*Wenn* man *annähme* und annehmen *könte* daß ein Licht ohne deswegen" [J 2085]

sondern auch in abgeschlossenen Notizen:

„Eine Auktion *wo* man statt Geld mit anderen Sachen *böte* als z. E. mit Büchern." [B 235]

„*Wenn* alle Menschen des Nachmittags um 3 Uhr versteinert *würden*." [E 207]

Selbst wo die konditionale Initialkonjunktion entfällt und der Sudelbuchschreiber überdies entweder ganz auf das Verb verzichtet, das ein Konjunktivmorphem einbrächte in den Text,

„Würmer in den Rädern einer hölzernen Uhr." [D 361]
„Grabsteine für Bücher." [F 543]
„Galgen mit einem Blitzableiter." [L 550]

oder mit dem Indikativ sich begnügt

„Ein Magnet, der sich in 6 Pfund verliebt." [F 600],

bleibt dem mit Lichtenbergs stilistischer „Physiognomie" vertrauten Leser erkennbar, daß er's noch immer mit dem konjunktivischen Konditionalgefüge des Gedankenexperiments zu tun hat.

Freilich lassen solche Ellipsen auch in ernsthafteren Verwendungsfällen kaum mehr erkennen, worauf die experimentelle Unternehmung da eigentlich zielte. Man wird wohl bedenken müssen, daß Lichtenbergs Sudelbuchnotizen nicht für die Veröffentlichung bestimmt und eingerichtet, vielmehr als Merkzettel für den eigenen Gebrauch konzipiert waren, auf denen der Schreiber aussparen konnte, was für ihn selber keiner Erinnerungshilfe bedurfte. Aber wo die Folgen einer versuchsweisen Abweichung vom Realen, Vorgegebenen, Gewohnten nicht absehbar sind, wird der Versuch offenbar nicht mehr durch Hypothesen gesteuert. Nun hatte Lichtenberg doch selbst erklärt, daß ohne deren „gewagte Erklärung", mit dem bloßen Experiment und bloßer Beobachtung nichts sich ausrichten lasse (vgl. oben Seite 72). Die Vermutung liegt nahe, daß er sich mit dieser Bemerkung selber zur Ordnung rufen wollte, eben weil der Erfindungsreiche durchaus dazu neigte, sich aus Freude an ungewöhnlichen, ‚witzigen‘ Versuchsanordnungen in ziellose, nurmehr skurrile Gedankenspiele zu verlieren. Vom gängigen Verständnis und der landläufigen Praxis des Experimentierens in seiner Zeit unterscheiden sich die Bedingungen seiner Gedankenexperimente in vielen Fällen durch einen extrem hohen Abweichungsgrad vom ‚indikativisch‘ Vorgegebenen. Je kühner aber die abweichenden Daten der Versuchsanordnung, desto weniger absehbar ist das Ergebnis, desto aussichtsloser offenbar die „gewagte Erklärung“ antizipierender Hypothesen.

Wir könnten uns der Schriften Lichtenbergs als einer „Wünschelrute“ bedienen, hat Goethe gemeint – „wo er einen Spaß macht, liegt ein Problem verborgen.“[137] Als Leseanweisung formuliert: Auch wo Lichtenberg nurmehr skurrile Experimente zu entwerfen scheint, lohnte es sich wohl, den möglichen Ergebnissen solcher Versuchsbedingungen nachzudenken. Hielt er selber doch auch die radikale Abweichung, selbst das Skurrile, noch das Monströse durchaus nicht für nutzlos und meinte gar von den Menschen im „Tollhauszustand“, diese Rasenden gäben uns „Aussichten in die Haushaltung des Ganzen, die uns nichts anders gibt. Sie sind das gedrückte Auge, das elektrische Figuren und Sonnen und Drellmuster gibt.“ [in J 1818] Vermerkte im Sudelbuch:

„Herr Darwin glaubt in seinen schönen Versuchen frigorific Experiments on the mechanical Expansion of air Philos. Trans[actions] Vol. 1788, daß man vielleicht im Ernst noch einmal den Wind *werde* machen lernen, so wie ich vom Verfrieren der Städte. Die monströsen Gedanken haben auch ihren Nutzen.“ [J 1380]

# § 11

*„allein es ist nun einmal zum Versuch gekommen"* [138]:

FRANZÖSISCHE REVOLUTION

Mehr als eine Skurrilität und anderes als einen monströsen Gedanken, sollte man denken, liefert (beispielsweise) die Bemerkung nicht, die Lichtenberg im Frühjahr 1790 in sein Sudelbuch schrieb:

> „*Wenn* die Hunde, die Wespen und die Hornisse mit menschlicher Vernunft begabt *wären, so könnten* sie sich vielleicht der Welt bemächtigen." [J 360]

Als Quellmotiv eines Horrorstücks ließe eine solche Mutation sich denken; Hitchcocks ,The Birds' könnten einem dabei in Erinnerung kommen. Welches „Problem" doch in diesem Schreckens-„Spaß" verborgen liegt, macht die unmittelbar vorangegangene Eintragung deutlicher.

> „*Wenn* es noch ein Tier *gäbe* dem Menschen an Kräften überlegen, das sich zuweilen ein Vergnügen machte mit ihm zu spielen, wie die Kinder mit Maikäfern, oder sie in Kabinetten aufspießte wie Schmetterlinge."

Dieser Bedingungssatz skizziert die Versuchsanordnung, eröffnet ein konditionales Gefüge. Frage: was würde geschehen? Gewagte Erklärung:

> „Ein solches Tier *würde* wohl am Ende ausgerottet werden, zumal wenn es nicht an Geisteskräften den Menschen sehr weit überlegen wäre. Es *würde* ihm unmöglich sein sich gegen die Menschen zu halten. Es *müßte* ihn [den

Menschen] dann verhindern seine Kräfte im mindesten zu üben."

Damit hat das Gedankenexperiment ein Modell entwickelt, das sich auf andere, sehr reale Phänomene und Prozesse nicht nur übertragen läßt, sondern mittels der von Lichtenberg so genannten „Analogien von Organisation" [in J 1488] auch zu ihrem Verständnis beiträgt. Indikativisch jetzt:

> „Ein solches Tier *ist* aber würklich der Despotismus und doch hält er sich noch an so vielen Orten." [in J 359]

Als in Frankreich das Ancien Régime zerbrach, ist das geschrieben worden. Drei Jahre später (nachdem die Menschen- und Bürgerrechte erklärt worden waren, der Adel und die altständischen Konstitutionen abgeschafft, die Zivilkonstitution des Klerus und eine Repräsentativverfassung in Kraft gesetzt, die Monarchie beseitigt und die Republik ausgerufen) taucht in Lichtenbergs Sudelbuch das Wespen- und Hornissen-Motiv noch einmal auf. Jetzt in ausdrücklicher Beziehung zu den Ereignissen im Nachbarland: „Glaubt etwa jemand, daß sich alte Mißbräuche auf der Welt so leicht wegwischen lassen? Die französische Revolution wird manches Gute zurücklassen das ohne sie nicht in die Welt gekommen wäre, es sei auch was es wolle. Die Bastille ist weg, und das infame Insekt, das Herr von Born in seiner Monachologie beschrieben hat, ist dadurch etwas zusammengeschwefelt worden." [J 1172][139]

Über die Ereignisse dieses Jahres 1793 – in dem Georg Forster (Mitglied der Königlichen Societät der Wissenschaften zu Göttingen[140]) als Mainzer Deputierter nach Paris ging, um der französischen Nationalversammlung die Eingliederung der von den Revolutionstruppen besetzten linksrheinischen Gebiete vorzuschlagen – hat Lichtenbergs Kollege Pütter in seinen Erinnerungen notiert, „daß gerade damals zu gleicher Zeit etliche Personen aus Göttingen sich zu

Mainz aufhielten, die von den aus Frankreich verbreiteten Freyheits- und Gleichheitsgrundsätzen sich hatten blenden lassen," und daraus der sehr irrige Schluß gezogen worden sei, „daß es Göttingische Grundsätze seyn möchten, die jene wenige von unserer Universität ganz entfernte und mit derselben in keiner Verbindung weiter stehende einzelne Personen in ihren Handlungen, Reden und Schriften zu billigen schienen. – Kaum konnte man sich erwehren, daß nicht unserer Universität beynahe im Ganzen vorgeworfen wurde, die hiesigen Lehrer seyen Democraten, Jacobiner, Freyheits- und Gleichheitsprediger u. s. w. – Wo nur von weitem etwa ein zweydeutiger Ausdruck in Lehrvorträgen oder Schriften eines oder andern vielleicht nicht vorsichtig gnug jedes Wort auf die Wagschale legenden Lehrers dahin gezogen werden konnte, wurde gleich Stoff zu allgemeinen Behauptungen daraus hergenommen."[141]

Gar so vorsichtig, wie es nachträglich bei Pütter klingt, verhielt man sich freilich nicht an Lichtenbergs Universität. Im gleichen Jahr 1793 bezog sich der Hofrat Sartorius in gedruckten Einladungsblättern zu seiner großen Politik-Vorlesung auf den durch die französischen Ereignisse ausgelösten „politischen Ideen-Streit" über die besten Regierungsformen und Staatsverwaltungen, an dem alle „Classen und Stände" teilnähmen und der so zum „Lieblings-Gespräche unserer Gesellschaften, aller Alter und Geschlechter geworden." Über die Grundsätze, nach denen er solche Fragen im Kolleg behandeln wollte, hieß es in seinem Vorlesungskommentar, es sei „keinem Zweifel unterworfen, dass ein mathematisch wahrer Satz, unter allen Umständen, bey allen Völkern, unter allen Himmelsstrichen gleich wahr ist, aber umgekehrt ist es fast dem Kinderverstand fasslich, dass jeder politisch allgemeine Satz, durch Sinnesweissen der Nationen, Sitten, Clima und tausend andere Umstände modificirt wird. Wenn dies wahr ist, so muss man auch in der Politik auf die Schlüsse a priori, und auf Theorien die darauf gebaut

sind Verzicht leisten". Als eine „Erfahrungs-Wissenschaft"
also wollte er die Wissenschaft von der Politik betreiben. Als
solche werde sie „gleich weit von dem Erbauen eines Uto-
piens, und von der anderen Seite gleich weit von dem Steif-
sinn entfernen, dass alles so bleiben müsse wie es weiland
war, weil die Vor-Väter dabey gemächlich lebten. Sie wird
den Leichtsinn bändigen, der freventlich alles umstürzen
will, um ein neues Experiment mit einem neuen System zu
machen. [...] Sie wird aber auch zeigen, dass wenn gleich
alle Staats-Einrichtungen, auf Uebereinkunft, Willkühr und
Gewalt beruhen, diese nach Zeit und Umständen geändert
werden können und müssen."[142]

Solche Ansichten teilte Lichtenberg. „Ich möchte zum Zeichen für Aufklärung das bekannte Zeichen des Feuers ($\triangle$)
vorschlagen", schrieb er 1792. „Es gibt Licht und Wärme,
es [ist] zum Wachstum und Fortschreiten alles dessen was
lebt unentbehrlich, allein – unvorsichtig behandelt brennt es
auch und zerstört auch." [J 971] Unmittelbar darauf folgt
eine seiner Bemerkungen zum „politischen Ideen-Streit"
über die französische Revolution (die er ohne Zweifel im
Zusammenhang mit aufklärerischer Philosophie verstanden
hat[143]). Und die gleichen, höchst aufschlußreichen Bezeichnungen, die der Göttinger Politologe benutzt (wenn er „ein
neues *Experiment* mit einem neuen System" zwar wortreich
verwirft, eben diesen Versuch aber gleich darauf als sehr
wohl zulässig darstellt mit seiner Erklärung, daß die Staats-
einrichtungen unter bestimmten Umständen „*geändert* werden können und müssen" – was die Hannoversche Regierung gar nicht gutheißen konnte), die gleichen Bezeichnungen also verwendet hier auch der Göttinger Physiker. „Darf
ein Volk seine Staats-Verfassung *ändern* wenn es will?" hat
er gefragt. Und seine Antwort lautete: „Allgemein gewordenen Grundsätzen gemäß handeln ist natürlich, der *Versuch*
kann falsch ausfallen, allein es ist nun einmal zum *Versuch*
gekommen." [in J 972]

Für Lichtenberg stellt diese Übertragung eines in seinem naturwissenschaftlichen Arbeitsbereich geläufigen Begriffs in die politische Reflexion alles andere als eine bloß willkürlich-beliebige Entscheidung im Sprachgebrauch dar. Sie geht auf den Kern der Sache. Bezeichnet sein Grundverständnis der großen französischen Staatsumwälzung. Und keineswegs durch puren Zufall wiederholen sich deshalb im Sudelbuch die Wendungen, welche diesen experimentellen Charakter der Revolution zur Geltung bringen. „In Frankreich gärt es, ob [es] Wein oder Essig werden wird ist ungewiß", notiert er im April 1793 [J 1249]. Er sehe „nichts so sehr Arges" darin, heißt es dann gegen Ende dieses Jahres, daß man in Frankreich der christlichen Religion entsage:

„Wie *wenn* das Volk nun ohne allen äußern Zwang in ihren Schoß zurückkehrt, weil ohne sie kein Glück *wäre?* Welches Beispiel für die Nachwelt, und welches kostbare *Experiment,* das man wahrlich nicht alle Tage anstellt! Ja, vielleicht war es nötig, sie einmal ganz aufzuheben, um sie gereinigt wieder einzuführen." [in K 159]

Die gleiche experimentelle Struktur wird in einer drei Jahre später verfaßten Betrachtung erkennbar: „Wer hat denn die Franzosen genötigt, ihr Heil auf Umwegen zu suchen? Die jetzige Verfassung (1796) ist so wenig der Zweck, als [es] Robespierre's Tyrannei war. Auf diesem Wege, glaube ich, muß die Sache gefunden werden. Kommen sie am Ende zu einer monarchischen Regierung zurück, gut, so ist es ein neuer und zwar sehr kräftiger Beweis, daß große Staaten nicht anders beherrscht werden können." [K 295] Auch in Lichtenbergs ‚Rede der Ziffer 8' (1798 verfaßt, im ‚Göttinger Taschen Calender' für 1799 veröffentlicht – nachdem in Frankreich bereits die Septembermorde, die Hinrichtung des Königs, die Orgien der jakobinischen Guillotine stattgefunden haben) wird die Revolution ausdrücklich als „neue Wissenschaft" bezeichnet und noch einmal in struktureller Homologie zur Experimentalphysik bestimmt. Vom neuen, dem 19. Jahrhundert wird da vorausgesagt, es werde „gewiß die Ehre haben [...], die Früchte einer neuen Wissenschaft, ich meine der mit großem Geld- und Blutaufwand eröffneten, neufränkischen Experimental-Politik, entweder einzuernten, oder, als hienieden unreifbar, zum Dünger für etwas minder Utopisches wieder unterzupflügen."[144]

Im allgemeinen Bewußtsein hat der ungeheure Kontinuitätsbruch der französischen Revolution entscheidend dazu beigetragen, die neuzeitliche Vorstellung einer offenen Zukunft durchzusetzen, welche nicht mehr abzuleiten und vorauszuberechnen ist aus dem Vergangenen.[145] Dem Göttinger Experimentalphysiker, dessen Denken an dieser tiefgreifenden Veränderung des Geschichtsbewußtseins teilnahm, stellte sich das politische Geschehen seiner Zeit deshalb nicht mehr als ein Demonstrationsversuch dar, dessen Resultate man im voraus absehen kann, sondern als das Experiment mit offenem Ausgang. Daran freilich war er nurmehr als Betrachtender beteiligt, nicht als Handelnder („Versuche müssen daher angestellt werden in der Naturlehre, und die Zeit abgewartet in den großen Begebenheiten. Ich verstehe mich." [in L 806]). Konnte Forster in Mainz 1793 von sich sagen: „Was ich [...] that, kann nur beweisen, daß ich fähig war, so zu handeln, wie ich dachte"[146], so Lichtenberg in Göttingen doch nur, er habe mit der Feder in der Hand „Schanzen erstiegen, von denen andere mit Schwert und Bannstrahl bewaffnet zurückgeschlagen worden sind." [in E 422] Er blieb an seinem Schreibtisch sitzen. Und in einem Brief vom 2. September 1793 ließ er das neugeborene Söhnchen seines Freundes Hollenberg wissen: „Ich sehe, Du hast keine Hosen an, solche Menschen heißt man jezt sans culottes, und darunter versteht man in vielen Gegenden Deines Deutschen Vaterlandes die Satans Brut der Aufklärer, Philosophen, Volckslehrer und Freydencker, kurtz alle Menschen, die sich nicht auf die goldne Dosenjägerey legen. Ob es uns nun gleich keine Schande macht wie Du ohne Hosen in die Welt zu kommen, oder, wie Deines Vaters Freund, bald ohne welche hinauszugehen, so bedecke Dich ja mit diesem nöthigen Kleidungsstück, so lange Du in der Welt wandelst, und lasse sie Dir so schneiden, daß sie, wo möglich, noch über Augen und Ohren gehen".

Schärfer aber und genauer als die handelnden sans culottes nahm dieser Betrachtende, der seinen Wespen- und Hornissen-„Spaß" machte, wahr, was da vor sich ging. Im biologischen Entwicklungsprozeß die Mutationen, im Geschichtsprozeß die Revolutionen: praktizierte Konjunktive, wie er, der Möglichkeitsdenker, sie nach der Maxime, man „muß mit Ideen experimentieren", an seinem Göttinger Schreibtisch entwarf („Möglichkeit mit Existenz-Drang gespannt, Feuerfunke in einer Schieß-Pulver-Welt"! F 724).

Um die Jahreswende 1797 auf 98 setzte er in sein Sudelbuch die lapidare Gleichung – mit vier Worten nur:

„Experimental-Politik, die französische Revolution."
[L 322]

# § 12

*„Ein rechtes Sonntagskind in Einfällen"* [147]:

## PRODUKTIVE ENERGIE DES KONJUNKTIVS

„Was *würde* geschehen *wenn* ich einmal in den Papiniani-
schen Topf Alkohol brächte und beim Auskochen *anzünde-
te?"* Zur Realisierung dieses experimentellen Projekts notierte der Physiker:

> „Der *Versuch müßte* wohl zuerst auf dem Garten im
> Freien angestellt werden." [in J 1733]

Bedenkend, was sich ereignen würde, „*wenn* Gott einmal
einen solchen Menschen schaffen [*würde*], wie ihn sich die
Magistri und Professoren der Philosophie vorstellen", vermerkte der Schriftsteller in seinem Sudelbuch:

> „Man *könnte* daraus eine artige *Fabel* machen". [in F 33]

An die Stelle des physikalischen Versuchs also tritt damit der
dichterische: die Fabel, die Erzählung, der Roman. Auch
hier bewährt sich das „heuristische Hebzeug" des Konditionalgefüges, erweist sich der Konjunktiv als Lichtenbergs
‚Finder für alle Dinge'. So enthalten die Sudelbücher eine
ganze Reihe von Fabelentwürfen, Erzählungskeimen, Ro-
manplänen, die sich unzweifelhaft einem konjunktivisch-
konditional konstruierten Gedankenexperiment verdanken.

„*Wenn* man gar nicht einmal die Geschlechter an den
Kleidungen erkennen *könnte,* sondern auch noch sogar
das Geschlecht erraten *müßte, so würde* eine neue Welt
von Liebe entstehen. Dieses verdiente in einem *Roman* mit

Weisheit und Kenntnis der Welt behandelt zu werden."
[F 320]

Bei der Genese solcher narrativen Projekte spielt nun in
Lichtenbergs Aufzeichnungen der ‚Traum' eine wichtige
Rolle. Zwischen naturwissenschaftlicher Spekulation und
erzählerischem Gedankenexperiment hat er eine ausdrückliche Verbindung hergestellt, indem er hier wie dort von einem „Traum" oder vom „Träumen" spricht. Für den ersten
Fall findet sich ein besonders deutliches Verwendungsbei-
spiel in seinem 1788 vorgelegten Gutachten über eine der
Göttinger Sozietät der Wissenschaften eingereichte Preis-
schrift. Um eine hydraulische Maschine ging es da, und
Lichtenberg hat geschrieben: „Ferner habe ich zuweilen gedacht: ob diese Vorrichtung nicht, als eine Hülfs-Maschine
wenigstens, bey Gradirwercken gebraucht werden *könte.* Sie
*hätte* nemlich, in diesem besondern Fall, das gantz eigne,
daß selbst die Soole, in dem sie gehoben wird, gradirt *würde,* ja ich kan mir dencken, daß eine gantze Wand von
Veraischen Seilen, wenn auch die oben gesammelte Soole
nicht über Reißer wieder herabbränne, dieselbe gradiren *könne,* jedoch gebe ich diesen Gedancken blos als einen T r a u m,
von dem sich aber vielleicht von einem erfahrnen Manne
manches möchte realisiren lassen."[148] Den zweiten Verwendungsfall verdeutlichen Lichtenbergs oben erwähnte Ver-
größerungs- und Verkleinerungsexperimente. „Aus meiner
Erde die zu einer Kugel von ¼ Zoll im Durchmesser, und
meinem Turmalin der eine Welt wird", schreibt er da,
„*könnte* ein guter T r a u m gemacht werden", und schließt
sogleich die Skizze einer Erzählung an, die der durch solche
Abweichungsregeln bestimmten Versuchsanordnung folgt
(vgl. oben Seite 97 f.).

Dieser vom Konjunktiv in Bewegung gesetzte Produk-
tionsmechanismus hat die Lichtenbergsche Traumerzählung

,Daß du auf dem Blocksberge wärst' hervorgebracht. In konjunktivischer Fassung zitiert ihr Titel eine ins niedersächsische Fluchregister gehörige Verwünschung, welche mißliebiges Personal oder Requisit nicht nur ins Pfefferland entfernt, sondern gleich auf den Hexen- und Satansberg des Harzes verbannt wissen möchte.[149] „In manchen Gegenden Deutschlands wünscht man Dinge, deren man überdrüssig ist, auf den Blocksberg", notierte Lichtenberg im Sommer 1798 im Sudelbuch –

„Dieses *könnte* zu einer nützlichen Dichtung Anlaß geben. Man *müßte annehmen,* daß an einem gewissen Tage, zum Exempel in der Nacht vom 31. Dezember auf den 1ten Jänner, alle die Sachen vorgezeigt *würden,* die im verlaufnen Jahre auf den Blocksberg *wären* verwünscht worden." [in L 548]

Wenig später dann schreibt er die Kalendergeschichte, die aus dem konjunktivischen Konditionalgefüge hervorgeht. Was denn wäre, wenn dieser Fluch in Erfüllung ginge? wenn man alles auf dem Blocksberg Versammelte dann besichtigen könnte, und jeder dort trüge (nach den Worten der Erzählung[150]) „einen Zettel auf dem Rücken, darauf steht [...] Von wem man herauf gewünscht worden ist, und wie viele Male"?[151] Im Traum vollzieht sich das. Der bildet das ,konjunktivisch'-fiktive Versuchsklima, in dem die Verwünschung als Telekinese sich verwirklicht. Und so besichtigen denn in dieser Geschichte einer Traumreise in den Harz der Erzähler und sein Postillon die amüsanten Folgen des Wunscherfüllungs-Experiments.

In gleicher Weise hat das „heuristische Hebzeug" des konjunktivischen Konditionalgefüges diejenigen beiden nicht vollendeten Romane Lichtenbergs hervorgebracht, deren strukturelle Planung aus seinen Sudelbuchaufzeichnungen und den dazu überlieferten Fragmenten noch rekonstruiert werden kann.

Ins letzte Lebensjahrzehnt fällt der Plan des Romans ‚Der doppelte Prinz'. Eines der darauf bezogenen Textstücke[152] enthält das „Bülletin: Gestern abend wurde Ihro Majestät von zwei Kronerben glücklich entbunden, beide vollkommen ausgebildet, schön, gesund und munter, nur am untern Teile des Rückgrats und etwas weiter abwärts zusammengewachsen, und gewissermaßen Ein Stück, in allen übrigen Hauptteilen völlig doppelt. Dank, Anbetung und Verehrung für den doppelten Segen!" Damit ist die poetische Versuchsanordnung dargestellt, sind die abweichenden Daten gegeben, kann das Hebzeug des konjunktivischen Konditionalgefüges in Aktion treten. Wenn das einträte, daß die Königin als Kronerben siamesische Zwillinge zur Welt brächte, was würde sich abspielen? Diese Initialfrage wird unausgesprochen vorausgesetzt, wenn Lichtenberg notiert: „Sonderbare Szenen die sich daraus schon jetzt ergeben."[152] Im ‚konjunktivischen' Indikativ poetischer Fiktion hat er solche Folgen des poetischen Gedankenexperiments dann entworfen:

„Ein Gelehrter steht auf und beweiset was es für ein Vorteil wäre, wenn die Menschen doppelt wären." [J 1142]

„Die Hofleute lassen ihre Kinder zusammenheilen, worüber viele sterben." [in J 1138]

„Eine Deputation des Magistrats wünscht untertänigst, daß die Mißgeburt zum Wohl des Vaterlandes möchte sanft erstickt werden."[152]

„Die Dichter sprechen von einem Versuch der Natur, endlich der Welt ein Modell von einem vollkommenen Regenten zu geben."[152]

„Erziehung bis zur Beinkleiderzeit und Schnitt dieser Beinkleider. Man merkt beim Anprobieren, daß dieses ein wichtiger Artikel in der künftigen Regierung sein werde. — Es wird ein eigenes Konseil niedergesetzt, das über die beste Form dieses Anzugs entscheiden soll; bestehet aus drei Ärz-

ten, drei Philosophen und drei Schneidern. – Große Uneinig-
keit in diesem Konseil, sogar einige Prügeleien. – Cülottisten
und Sanscülottisten durch das ganze Reich. – Sieg der er-
stern, weil sich mit Recht die Geistlichkeit zu ihnen schlägt.
– Der Prinz bekömmt Hosen. – Dreitägige öffentliche Aus-
stellung derselben und Urteile der Welt darüber. Verzeichnis
von Schriften darüber, die sich an die 200 belaufen."[152]

Aufschlußreicher noch für den Entstehungsprozeß sind
Nachrichten, die ein früheres Projekt betreffen. Über das
‚Leben Kunkels‘, eines 1768 verstorbenen Göttinger Bücher-
trödlers, hatte Lichtenberg einen biographischen Roman
schreiben wollen. Dieser Mann, heißt es in einer fertigge-
stellten Gedächtnisrede, „*war* kein Gelehrter" und „nicht
vom Adel, physice gewiß nicht, Beförderer der Wissenschaften im eigentlichen Verstande *war* er auch nicht". An die
Stelle dieser Indikative des epischen Präteritums aber, die
hier doch auf bloße Negativfeststellungen hinauslaufen,
rückt der Biograph nun Konjunktivmorpheme.

„Weswegen war er denn also merkwürdig? Dadurch daß
er alles dieses *hätte* werden *können, wenn* er vor ohnge-
fähr 36 Jahren *gewollt,* und seit 20 Jahren her *gekonnt
hätte,* durch die sonderbare Lage seines Standpunktes in
der Welt, dadurch war er mir merkwürdig, den meisten
Menschen war er es durch Eigenschaften, die in jenen
ihren Grund hatten, durch seinen Hang, in dem bekann-
ten Zustand zu sein, in welchen wir Christen uns durch
den Wein und die Türken durch Opium sich zu versetzen
pflegen".[153]

Wie der Träumende (oder der Fiebernde – vgl. oben Seite
96) lebt dieser Trinker in einem anderen, entrückten Zustand. Seine „Eigenschaften" hängen mit der sonderbaren,
nämlich abweichenden „Lage seines Standpunktes in der
Welt" zusammen, die die Konjunktive hier markieren. Ein

‚Mann ohne Eigenschaften‘ im eigentlich-indikativischen
Verstand: ein Möglichkeitsmensch ist Jonas Kunkel. Nur
sind das hier allesamt vergangene, ungenutzt verstrichene
Möglichkeiten. Und damit eröffnet sich das fundamentale
Problem, wie denn der Konjunktiv II [Plusqu.] des „er *hätte*
werden *können*“ transformiert werden sollte ins fortschreitend erzählende Indikativ-Präteritum eines Romans. Lichtenbergs Lösungsversuch ergibt sich aus dem (1795 ins Sudelbuch eingegangenen) konjunktivisch-konditionalen Modell des umgekehrten Lebensgangs:

> „*Wenn* der Mensch, nachdem er 100 Jahre alt geworden,
> wieder umgewendet werden *könnte,* wie eine Sanduhr,
> und so wieder jünger *würde,* immer mit der gewöhnlichen
> Gefahr zu sterben; *wie würde* es da in der Welt ausse-
> hen?“ [K 277]

Eine Eintragung schon von 1791 zeigt, wie ihn das skurrile
Experiment dieses Konditionalgefüges tatsächlich als struk-
turierendes Quellmotiv eines (möglichen) Erzählwerks beschäftigt hat. Auch hier hatte Geltung, was er über die Hypothese notierte, es würde Gott einen Menschen nach dem
Idealbild der Pädagogen erschaffen: „Man könnte daraus
eine artige Fabel machen“ [F 33] (vgl. oben S. 85 ff.). Eine
knappe Skizze entwirft er nur. Doch an die Stelle der konditionalen Konjunktive jenes kreativen Einfalls treten da
schon die illusionären Indikative des fiktionalen Textes:
„Eine Welt, wo die Menschen als Greise geboren werden,
und immer frischer werden, endlich Kinder, die immer an
Ketschigkeit [:breiig-schleimiger Substanz] zunehmen, bis
man sie endlich in eine Bouteille sperrt, wo sie nach 9 Mona-
ten alles Leben verlieren, nachdem sie so klein geworden
sind, daß man 10 Alexander auf einem Butterbrod ver-
schlingen könnte.“ [in J 547]
   Tatsächlich wird das produktive Modell seines Gedankenexperiments mit dem umgewendeten Lebenslauf zum struk-

turierenden Prinzip auch für Lichtenbergs geplanten biographischen Roman. „Kunkels Leben muß von hinten angefangen werden", notiert er 1771 [B 418] über der Arbeit an diesem Erzählplan.[154] So allein konnte sein Kunkel im Prozeß der Erzählung darstellbar werden als Möglichkeitsmensch, und so nur hätte der Erzähler einlösen können, was er mit diesem Roman sich doch vorgesetzt hatte:

> „So wie man bei jungen vornehmen Kindern, wenn sie sterben, noch betrachtet was sie hätten werden können, so kann ich auch bei Gunkeln betrachten was er *hätte* werden *können*." [B 193]

Nicht mehr auf die resignierenden Indikative der endlichen Misere, in die Kunkels Leben tatsächlich führte, sondern auf die rückläufig progressive Aufdeckung seiner verschütteten Möglichkeiten zielte dieser Plan vom ‚Leben Kunkels', der die Konjunktive des Plusquamperfekts auf solche Weise wieder in Kraft setzen sollte. Auch hier: Es könnte anders, sollte besser sein.

# § 13

*„letzte Hand an sein Werk legen"* [155]:

## DESTRUKTIVE POTENZ DES KONJUNKTIVS

In solchen Entwürfen freilich blieb das ‚Leben Kunkels‘ ebenso stecken wie später ‚Der doppelte Prinz‘ und wie vieles andre weniger weit Gediehene. „1785 den 7 Oktober (spes. [156]) beschlossen, einen Roman zu schreiben, alles anzuwenden" [in H 136] – er hat ihn so wenig zustande gebracht wie die lang geplante Autobiographie und wie das in den Sudelbuchheften oft erwähnte Kompendium der Physik. Kein großes, geschlossenes eigenes Werk hat er hinterlassen. Gestützt auf Äußerungen, mit denen dieser kritische Selbstbeobachter sich selber bedachte, hat man in der Lichtenberg-Literatur eine ganze Reihe plausibler Gründe dafür zusammengetragen: soziale Isolierung, Kontaktschwäche und Mangel an Selbstvertrauen, Neigung zum Alkoholismus und körperliche Hinfälligkeit, Ablenkbarkeit und Willensschwäche, Stimmungsschwankungen, Konzentrationsstörungen, Trägheit und das Unvermögen schließlich, die Fülle zielloser Einfälle und disparater Detailbeobachtungen einzubringen in einen umgreifenden systematischen Bezugs- oder erzählerisch-fiktiven Darstellungsrahmen. All das mag da mitgespielt haben und reicht zur Erklärung allein doch nicht aus.

„Man wird bei allen Menschen von Geist eine Neigung finden sich kurz auszudrücken" [in E 39]. Wie schlecht es um die Allgemeingültigkeit dieses Satzes immer bestellt sein mag, für Lichtenberg selbst gilt er ganz ohne Zweifel. Meinte er in diesem Zusammenhang aber, es „könnte nicht schaden, wenn man in jeder Periode die Worte zählte und sie jedesmal mit den wenigsten auszudrücken suchte", so verstand er diese alte brevitas-Forderung doch keineswegs als ein bloß formales Lakonismusgebot. Er bezog sie vielmehr auf das Verhältnis von verbalem Aufwand und geistiger Substanz der Rede oder Schrift. Das hieß nicht einfach, wenig Worte machen, sondern „mit den wenigsten Worten zu erkennen geben, daß man viel gedacht habe" [in G 215], und „20-, 30jährige Erfahrung in einer Zeile" konzentrieren [in E 455]. Also: „Die Gedanken dicht und die Partikeln dünne"! [E 16]. Solche Schreibweise ist wohl allemal und war gewiß bei Lichtenberg das Ergebnis einer hochdisziplinierten, selbstkritischen Bemühung. Die Anweisung, die er sich in den Sudelbüchern mehr als einmal dazu erteilte, verrät die fortgesetzten Anstrengungen des Arbeitsprozesses, die er sich abgefordert hat – „erst beibringen, was man beibringen kann, ganz für sich, also bloß des Beibringens wegen; alsdann alles noch einmal schreiben des Weglassens wegen. Das erste ist das Dreschen, das zweite ist das Sichten und Sieben. Nun müßte noch ein Drittes kommen, das Wurfeln [= Worfeln: Entfernen der Spreu durch Hochwerfen des gedroschenen und gesiebten Getreides]. Ein paarmal Sichten schadet auch nicht." [in L 679]

Wann denn wäre genug gesichtet, gesiebt, geworfelt? Lichtenbergs Anspruch an den eigenen Sprachgebrauch verlangte keineswegs allein, das Beobachtete und Gedachte so knapp, sondern zugleich, es so genau als möglich zu sagen. Mit Goethe zu reden: nicht nur durch „Kürze", sondern gleichermaßen durch „Bestimmtheit", durch „Präzision" des Ausdrucks war dieser Aufklärungsschriftsteller bemüht, „aus der wäßrigen, weitschweifigen, nullen Epoche sich herauszuretten" – mit der in ‚Dichtung und Wahrheit' die der frühen deutschen Aufklärungsschriftstellerei doch gemeint war.[157] „Der fast Lessingsche Ausdruck, der dem Gedanken sitzt wie angegossen" [E 204], lautet eine der Sudelbuchnoti-

zen, die diesem Anspruch gleichermaßen Ausdruck geben
und Genüge tun wollen. Wer freilich (wie Lichtenberg in
einer Kolleg-Bemerkung[158]) wünschte,

> „daß es eine Sprache geben mögte worin man eine Falsch-
> heit gar nicht sagen *könte,* oder wenigstens jeder Schnitzer
> gegen die Wahrheit auch ein Grammaticalischer *wäre*",

und diesen Irrealis als Potentialis auf den eigenen Umgang
mit der ihm vorgegebenen Sprache bezieht, der wird an seinen Worten, Sätzen, Seiten in Wahrheit nie Genüge finden.
„Es ist mir öfters begegnet", vermerkte Lichtenberg im Sudelbuch, „daß [ich], wenn ich etwas habe drucken lassen,
erst ganz am Ende, wenn sich nichts mehr ändern ließ, bemerkt habe, daß ich alles *hätte* besser sagen können".
[in L 587][159] Nun wußte er freilich, daß − zu seiner Zeit −
gedruckt werden mußte, „was die Welt wissen soll". Aber er
meinte sehr entschieden:

> „*Wäre* es möglich auf irgend eine andere Art mit ihr zu
> sprechen, daß das Zurücknehmen noch mehr *stattfände,*
> so *wäre* es gewiß dem Druck vorzuziehen." [in B 272]

So hat er − scherzhaft gewiß, ernsthaft genug − in einer
unveröffentlichten Notiz die Typologie der Briefsorten um
denjenigen Brief bereichert, den man selbst dem Adressaten
überbringt, und dessen „große Vortheile" mit den Worten
beschrieben: „Man kan ihn auf jeder Station aufmachen,
ausstreichen, zusetzen auch wohl gantz unterdrucken, welches die Post Bedienten sonst nicht erlauben."[160]

So jemand schreibt keine dicken Bücher. Fragezeichen set-
zend, Abweichungen suchend, Möglichkeiten denkend,
bringt sein ungestilltes Verlangen nach dem Zurücknehmen,
Bessersagen und Andersmachen, das in der Hypertrophie
des konjunktivischen Sprachgebrauchs sich bezeugt und verwirklicht, alle weitgespannten Pläne zum Scheitern und

auch die tragfähigen Konzeptionen ins Wanken. Diese kritischen und skeptischen, hypothetischen und experimentellen
Konjunktive – wie Querschläger treiben sie die Indikative
auseinander, die sich zum großen Werk versammeln müßten. Was Lichtenberg als „heuristisches Hebzeug" nutzte,
als den „Finder für alle Dinge" auf die Spur der Entdeckung
und Erfindung setzte, das gerade ließ ihn immer wieder aus
der Spur laufen. Denn die gleiche skeptische Potenz, die sich
gegenüber dem Fremden, dem Vorgegebenen, als abweichende, verändernde, erfinderische und entdeckerische be-
währte, lähmte den eigenen Vorsatz, erschütterte das Ver-
trauen aufs Gelingen des eigenen Werkes und zerstörte seine
Fundamente, bevor der Bau noch errichtet war. In seinem
Œuvre hat der Konjunktiv die ihm innewohnende Dialektik
offenbart: seine produktive als zugleich destruktive Kraft.
Für dieses grammatische Äquivalent aufklärerischen Denkens gilt eben das, was Lichtenberg vom Feuer als dem „Zeichen für Aufklärung" bedachte: Unentbehrlich „zum
Wachstum und Fortschreiten alles dessen was lebt" –
„brennt es auch und zerstört auch". [in J 971][161]

In den vier posthumen Ausgaben von Erxlebens ‚Anfangs-
gründen der Naturlehre‘, die Lichtenberg nach dem Tod
seines Universitätskollegen und Freundes bearbeitet hat, erscheint – zunehmend an Zahl von Auflage zu Auflage – an
bestimmten Stellen eine den Sätzen des Verfassers hinzuge-
fügte Herausgeber-Chiffre: „(? L.)". Wird beispielsweise in
der 6. Auflage (1794) im Abschnitt ‚Statik und Mechanik‘
die „Beschleunigende Kraft der Schwere" erörtert, steht da
im § 101 (S. 77): es müsse „die Bewegung eines fallenden
Körpers eine in unendlich kleinen Zeittheilen gleichförmig
beschleunigte Bewegung seyn (? L.)." Oder wird im
Abschnitt ‚Von der Electricität‘ die Reibungselektrizität behandelt, liest man im § 498 (S. 460): „eigentlich ist alles
Glas elektrisch, und wenn es nicht elektrisch zu seyn scheint,

so liegt es nur an der Unreinigkeit seiner Oberfläche. (? *L*.)".
Eine Konjunktiv-Ligatur stellt das dar: ‚Ich, Lichtenberg,
muß zu bedenken geben: Sollte es wirklich so sein? Könnte
sich das nicht auch anders verhalten?' – Wie denn sollte der
Physiker, der so die Löcher seines Zweifels in ein fremdes
Lehrbuch brannte, jemals das eigene ‚Compendium der Physik' [J 2021] zustande bringen, wenn er im Ernst sich fragte:
„worüber in der ganzen Naturlehre können wir denn ganz
gewiß sein?" [in J 1502] und am Ende doch nichts mehr als
„Fragen über die Physik" hinterlassen zu können glaubte?
[in L 166 und 233] Wie denn der autobiographische Schriftsteller die ‚Geschichte meines Geistes so wohl als elenden Körpers' [F 811], wenn er unaufhörlich bedachte: „Warum glaube ich dieses? Ist es auch würklich so ausgemacht"? [J 1326]
Und wie der Dichter einen ‚Roman' [H 136], wenn er wahrhaftig sich vorsetzte, „bei allem zu fragen: wie *könnte* dieses
besser eingerichtet werden?" [J 1634]

Vorwärtsgetrieben von der im Konjunktiv wirkenden spe-
kulativ-experimentellen Expansionskraft und zurückgehal-
ten zugleich von der gleichermaßen in ihm beschlossenen
kritisch-skeptischen Verhinderungsgewalt, blieb Lichtenberg stecken im konjunktivischen Stückwerk, hat er sich im
Sudelbuchkleinzeug (buchstäblich) verzettelt. Den Wertvorstellungen seiner Zeit verhaftet, konnte der verhinderte Ro-
manschreiber, Autobiograph und Lehrbuchverfasser unmöglich auf den Gedanken verfallen, es sei das auf solche
Weise Zustandegekommene veröffentlichenswert, druckfer-
tig doch in eben dieser Form. Gegenüber der an den Klassi-
kern orientierten Erwartung, daß sich das literarische Werk
als ein in sich abgerundeter, abgeschlossener, einheitlich ge-
fügter Organismus darstelle, hätte sich das in alle Richtungen expandierende Textgestöber der Sudelbuchhefte im
19. Jahrhundert auch schwerlich behaupten können.[162] Auf
die in ihm angelegten Wirkungspotenzen bezogen, erscheint
die postume Veröffentlichung des vollständigen Werkes erst

im 20. Jahrhundert eigentlich zeitgerecht. Jetzt erst war auf allmähliche Einsicht zu rechnen für den Reichtum des Unabgeschlossenen und die Appellstruktur des Vorläufigen, für den gewaltigen Mobilisierungseffekt, der dem Versuchscharakter dieser ‚Vorarbeiten' entspringt, und für die ungeheure Sprengkraft ihrer subversiven Konjunktive. Canetti, 1968: „Daß er nichts abrunden mag, daß er nichts zu Ende führt, ist sein und unser Glück: so hat er das reichste Buch der Weltliteratur geschrieben. Man möchte ihn immerzu für diese Enthaltsamkeit umarmen."[163] Nur, abgerundet hätte Lichtenberg doch gern und gewiß auch gern zu Ende geführt. Freiwillig war diese Enthaltsamkeit nicht, der – „sein und unser Glück" – das gewaltige Lebenswerk seiner Sudelbücher am Ende (widerwillig) sich verdankt.

Konnte er sich für Goethes „übersandte Schrifften" also nicht mit dem Buchgeschenk eines eigenen Romans bedanken, schickte er als Gegengabe immerhin die 2. Lieferung seiner ‚Ausführlichen Erklärung der Hogarthischen Kupferstiche' nach Weimar.[164] Und ‚Der Weg der Buhlerin', um den es sich da handelte, 376 Seiten umfassend, stellt – ebenso wie später ‚Der Weg des Liederlichen' oder ‚Die Heirat nach der Mode' – durchaus ein in sich geschlossenes Erzählwerk, eine zusammenhängende Lebensgeschichte dar. Als die „hogarthischen Romane" hat Lichtenberg beiläufig schon die Vorlagen bezeichnet[165]; seine eigenen Texte jedenfalls sind sehr wohl als szenisch strukturierte Ausprägungen der Gattung satirischer Roman zu verstehen. Deren Substrat jedoch ist die Bildbeschreibung: Hogarth' Kupferstich-Folgen gaben die großrahmige Form vor, lieferten das breite Spalier, das der Erzähler Lichtenberg mit seinen Beobachtungen überziehen, an dem er seine Einfälle festmachen konnte. Diese Bilder aber waren gleichsam im Modus des (fiktiven) Indikativs gezeichnet – zwangen ihn also auch dem an seine Vorlage gebundenen Bildbeschreiber auf. Wo Lichtenberg hier überhaupt Konjunktive setzt (beispielsweise: nachdem er eine mit geöffneten Lippen dargestellte Figur in wörtlicher Rede zitiert hat – „So etwas *könnte* wohl aus dem offnen Mäulchen geflossen sein"[166]), dienen sie einer Mutmaßung, welche mit der Bildvorlage doch unbedingt verträglich bleiben mußte. Auf diese Weise hat Hogarth zwar jene spekulative (kreative) Energie zugelassen und belebt, die in Lichtenbergs Konjunktiven wirkt, ihrer destruktiven Tendenz aber keinen Spielraum gewährt. Denn gegen die Vorlage selbst hätte sie hier sich richten müssen, gegen Hogarth' „Naturprodukte"[167], die als das fraglos Vorgegebene doch akzeptiert werden mußten. Der einzige Fall eines umfangreichen Lichtenbergschen Werkes, heißt das, fand die Bedingung seiner Möglichkeit im Gattungszwang der Bildbeschreibung – eine Ausnahme offensichtlich, welche die Regel bekräftigt.

Die gleiche Gewalt aber, die den Schreibenden zugleich vorantrieb und zurückhielt, sie bewegte und sie lähmte auch den Handelnden. Es hätte auch der Göttinger Experimentalphysiker von sich behaupten dürfen, was der Mainzer Experimentalpolitiker Forster mit ganz anderem Recht von sich sagte: „Was ich [...] that, kann nur beweisen, daß ich fähig war, so zu handeln, wie ich dachte" (vgl. oben Seite 108). – „Offt wenn mir Zeit und Genie zuraunte jezt, Photorin [für Lichtenberg, gräzisiert] jezt schlage zu werde der Retter deines Vaterlandes, du kansts, so habe ich gepfiffen oder an den Fensterscheiben getrommelt."[168] Wie es der ‚Genius' des Konjunktivs war, der ihm da den Befehl zur großen verändernden Tat zuraunte, welche das als möglich Gedachte umsetzt in Wirkliches, war es doch dieser Doppelstimmige auch, der ihm das Verbot der Tat zuflüsterte, weil – vor allem Handeln schon – das wirklich Gewollte dem Anspruch des Möglichen niemals standzuhalten vermöchte.

Krank und sterbensnah hat Lichtenberg zwei Monate vor seinem Tod im Sudelbuch den abgründigen Satz versucht:

„Ich kann nicht sagen, daß ich das Glück hätte daran zu zweifeln." [L 670] Stärker als die destruktiven Kräfte mochte der Abgekämpfte da die produktiven Energien schwinden fühlen, die ihm aus lebenslangem Konjunktivzwang zugewachsen waren, und so im nachhinein für einmal einig sein mit dem, der er immer gewesen war. Denn glücklich haben ihn die Konjunktive sicher nicht gemacht. Leute gibt es, notierte er zu Anfang der 80er Jahre, „die können alles glauben, was sie wollen; das sind glückliche Geschöpfe!" [in G 79] und aufseufzend 1793: „Ach! das waren noch gute Zeiten, da ich noch alles glaubte, was ich hörte." [K 50] Als anderthalb Jahrhunderte später Robert Musil sich über jenen „Möglichkeitssinn" äußerte, der seinen ,Mann ohne Eigenschaften' bestimmt, hat er mit außerordentlicher Präzision die ,konjunktivische' Existenzform auch des Sudelbuchschreibers beschrieben. Und hat sie abgeleitet aus dem Sprachgebrauch:

„Wer ihn [solchen Möglichkeitssinn] besitzt, sagt beispielsweise nicht: Hier ist dies oder das geschehen, wird geschehen, muß geschehen; sondern er erfindet: Hier *könnte, sollte* oder *müßte* geschehn; und wenn man ihm von irgend etwas erklärt, daß es so sei, wie es sei, dann denkt er: Nun, es *könnte* wahrscheinlich auch anders sein. So ließe sich der Möglichkeitssinn geradezu als die Fähigkeit definieren, alles, was ebensogut sein *könnte,* zu denken und das, was ist, nicht wichtiger zu nehmen als das, was nicht ist. Man sieht, daß die Folgen solcher schöpferischen Anlage bemerkenswert sein können, und bedauerlicherweise lassen sie nicht selten das, was die Menschen bewundern, falsch erscheinen und das, was sie verbieten, als erlaubt oder wohl auch beides als gleichgültig. Solche Möglichkeitsmenschen leben, wie man sagt, in einem feineren Gespinst, in einem Gespinst von Dunst, Einbildung, Träumerei und Konjunktiven".[169]

Lichtenberg, 1792, zur Leidens-‚Geschichte seines Geistes‘
[F 811]:

„Man ist nie glücklicher als wenn uns starkes Gefühl bestimmt, nur in dieser Welt zu leben. Mein Unglück ist nie
in dieser sondern in einer Menge von möglichen Ketten
von Verbindungen zu existieren, die sich meine Phantasie
unterstützt von meinem Gewissen schafft". [in J 948][170]

Was er da an sich selbst beobachtete, erweist sich als Vorgriff auf eine der Grundverfassungen des modernen Bewußtseins, welches keinen Halt mehr zu finden vermag an den
überkommenen ‚Indikativen‘ einer in Physik und Metaphysik stabilisierten Weltordnung. Der Selbstbeobachter Kierkegaard (der Lichtenberg bestürzend wörtlich wiederholte:
„Mein Leben ist leider allzu konjunktivisch; Gott gebe, ich
hätte ein wenig indikativische Kraft") hat schon 45 Jahre
später in seinem Tagebuch notiert, man könne „eigentlich
die ganze neuere Philosophie unter einer Theorie von Indikativ und Konjunktiv vortragen; sie ist nämlich rein konjunktivisch"[171].

Alles menschliche Leben freilich verläuft, wie Helmuth
Plessner formuliert hat, in einem „Hell-Dunkel von hypothetischen Konjunktiven"; dieser Verlust fraglosen Genü-
gens an der Wirklichkeit bleibt wohl wirklich nur „den um-
weltgebundenen Tieren erspart".[172] Mit der Deutlichkeit ex-
tremer Ausprägung gibt die Physiognomik des Lichtenbergschen Stils deshalb einen Grundzug der Conditio humana zu
erkennen. Das Doppelleben dieses Menschen, der, in der
Wirklichkeit existierend, seine eigentliche geistige Existenz
doch ganz und gar auf jene Möglichkeiten verwiesen sah,
die der „Phantasie" entspringen (‚es könnte anders sein‘)
und vom „Gewissen" bestimmt werden (‚es sollte besser
sein‘), hat unverwechselbaren Ausdruck gefunden in der ei-
gentümlichen Doppelsprachigkeit seiner Sudelbuchtexte.
Worauf sein kritischer und skeptischer, hypothetischer und

experimenteller Modusgebrauch im einzelnen auch zielt: das feine ‚Gespinst von Konjunktiven', das über Lichtenbergs Sätze sich zieht, ist ein ständiges gleichzeitiges (zweites) Sprechen ü b e r das dort Ausgesprochene; ein fortgesetzter Kommentar, der die objektgerichteten, sachbezogenen Aussagen dieser Sätze als solche reflektiert und ihren Geltungsgrad beschränkt. Diese kritische und hypothetische Rede auf zweiter Ebene aber, dieser skeptische und experimentierende Kommentar der Konjunktivmorpheme und ihrer sprachlichen Vertreter richtet sich nicht allein auf die Sachaussage der solcherart besprochenen Rede, sondern auf sie selbst. Spricht gegen sie selber an. Und so mächtig war diese Gegenrede, so stark der in ihr zur Sprache kommende Wille zum Andersdenken und Bessermachen, daß als sein letztes und eigentliches Ziel nicht mehr ein druckreif-vollkommener Text erscheint, welcher die Einsprüche der „Phantasie" und des „Gewissens" verstummen ließe, sondern jenes vollkommene „Zurücknehmen" erst, mit dem das ungestillte Verlangen nach dem Andersmachen erlischt.

„Die letzte Hand an sein Werk legen", schrieb er im September 1776 in sein Sudelbuch – „das heißt verbrennen." [F 173]

# § 14

*„Professor Philosophiae extraordinariae"*[173]:

## POSITIONSANGABEN FÜR LICHTENBERG

Einen extremen Fall stellt Lichtenberg dar. Den französischen Moralisten, zu deren Kurzprosa man seine Sudelbuchnotizen in den großen Topf der Aphoristik zu werfen beliebt, steht er sehr viel ferner, als ihm nachgesagt wird.[174] Im Konjunktivgebrauch ist das zu greifen. Der liefert in diesem Fall ein fundamentales Unterscheidungskriterium.

Nicholas Boyle hat erklärt, „that Lichtenberg's ,Sudelbücher' have a formal and intellectual effect similar to that of La Rochefoucauld's ,Maximes'", und „Lichtenberg belongs with La Rochefoucauld, rather than with Montaigne or Pascal".[175] Aber in den seltenen Fällen, wo die ,Réflexions ou Sentences et Maximes morales' den subjonctif und conditionnel oder Konstruktionen mit entsprechender Funktion überhaupt einmal verwenden, dienen sie doch ausnahmslos dazu, tatsächlich bestehende Verhältnisse oder Verhaltensweisen zu verdeutlichen und ihre Ursachen aufzudecken.

„*Si* nous n'avions point de défauts, nous ne *prendrions* pas tant de plaisir à en remarquer dans les autres."
[,Wenn wir keine Fehler *hätten, würden* wir nicht mit so lebhaftem Vergnügen in andern welche entdecken.'][176]

Zweierlei wird von La Rochefoucauld dabei unzweifelhaft vorausgesetzt: einerseits haben wir selber Fehler, andererseits entdecken wir Fehler bei anderen mit lebhaftem Vergnügen. Beide Tatbestände (gibt der Moralist nun zu bedenken) haben miteinander zu tun. Das ließe sich sehr wohl auch indikativisch mitteilen: ‚C'est parce que nous *avons* des défauts nous-mêmes, que nous *prenons* tant de plaisir à en remarquer dans les autres.‘ [Nur weil wir selber Fehler *haben, entdecken* wir mit so lebhaftem Vergnügen die Fehler der anderen.] Die Gegenprobe aber, die der Demonstrationsversuch des irrealen Bedingungsgefüges stattdessen unternimmt (‚Wenn wir *keine* Fehler *hätten*‘), soll auch den überzeugen, der sich durch die bloße Behauptung des tatsächlichen Sachverhalts noch nicht belehren läßt: Da wir gewiß nicht so freudig, wie wir das tatsächlich tun, anderer Leute Fehler entdecken würden, falls wir selbst fehlerlos wären, muß dies Vergnügen doch offenbar darauf beruhen, daß wir selber Fehler h a b e n.

La Rochefoucauld versucht, das anscheinend oder vorgeblich tugendgeleitete und willensfreie menschliche Handeln zurückzuführen auf seine von „amour-propre“, „humeurs“, „hasard“ und „fortune“ bestimmten eigentlichen Motive.[177] Diese moralistische Belehrungsabsicht reguliert auch die hypothetischen Konstruktionen seiner ‚Maximes morales‘. Von ‚indikativischen‘ Tatbeständen suchen sie den Leser ‚konjunktivisch‘ zu überzeugen. Ein rhetorischer Sprachgebrauch. Um die Einsicht durchzusetzen, daß wir uns selbst auf unsere edelsten Handlungen häufig nur deshalb etwas zugute halten, weil die Welt deren eigentliche Motive in Wahrheit nicht kennt, schreibt also der Moralist:

„Nous *aurions* souvent honte de nos plus belles actions, *si* le monde voyoit tous les motifs qui les produisent.“
[‚Wir *würden* uns oft unserer edelsten Handlungen schämen, wenn die Welt deren Motive *kennte*.‘][178]

Auf gleiche Weise verfährt später Montesquieu und macht durch die didaktische Gegenprobe mit dem conditionnel plausibel, daß uns der Abschied vom Leben leichter wird, weil es Gutes u n d Schlechtes gibt in der Welt:

„Il est bon qu'il y ait dans le Monde des biens et des
maux: sans cela, on *seroit* désespéré de quitter la vie."
[‚Es ist gut, daß es in der Welt Gutes und Schlechtes gibt.
Sonst *wäre* man verzweifelt beim Abschied vom Leben.']¹⁷⁹

Ebenso dann Vauvenargues, um davon zu überzeugen,
daß wir über der Lektüre manche Vorstellungen eines Au-
tors nur deshalb nicht teilen, weil wir sie anders verstehen,
als von ihm gemeint:

„On *proscrirait* moins de pensées d'un ouvrage, *si* on les
concevait comme l'auteur."
[‚Man *würde* weniger Gedanken eines Werkes ablehnen,
wenn man sie wie der Verfasser *auffaßte*.']¹⁸⁰

Wie schon die lebensklugen Ratschläge und taktischen
Verhaltensregeln ‚politischer' Aphoristik bei den Italienern
und Spaniern (Guicciardini, Gracián), so beschränken sich
auch die Erfahrungssätze, Verhaltensdiagnosen und genera-
lisierenden Maximen ‚psychologisch' orientierter Moralistik
bei den Franzosen (Montaigne, Pascal, La Rochefoucauld,
La Bruyère, Montesquieu oder Vauvenargues) auf eine de-
kuvrierende, desillusionierende Tatbestandsklärung. Als deren grammatisches Äquivalent dominiert ein mit verallge-
meinerndem ‚on' verbundener deskriptiver indicatif présent.
‚So verhält man sich in Wahrheit' und ‚So ist es tatsächlich',
konstatieren diese Sittenschilderer. Der neuzeitlich-gemein-
europäische Skeptizismus, der das mittelalterlich-scholasti-
sche Systemdenken zersetzt, bestimmt die französische
Aphoristik nicht weniger als die Sudelbuchnotizen Lichtenbergs. Aber die beiden gemeinsame kritisch-skeptische
Grundhaltung bleibt bei den Moralisten an einen Konservativismus gebunden, den Hugo Friedrich in seinem Mon-
taigne-Buch (unzulässig verallgemeinernd) geradezu als
„klassischen Begleiter a l l e r Skepsis" bezeichnet hat.¹⁸¹ Die-

ser konservative Skeptizismus verabschiedet ganz entschieden die unkritische Überzeugung von einer „Idealität der geltenden Normen, festigt aber ihre faktische Geltung" und „rät dem Menschen, die herkömmlichen Zustände, in die er jeweils hineingeboren ist, unangetastet zu lassen". Dem Moralisten scheint es sinnlos, gegen Bestehendes aufzubegehren. Denn alle Veränderung bringt ihm „nichts Besseres, sondern nur anderes, und das andere kommt von selbst, wenn seine Zeit da ist."[182] Montaigne, schreibt Hugo Friedrich, „träumt von keiner Vervollkommnungsfähigkeit der Welt", „weiß nichts von Entwicklung oder Forschritt": es „hat sein Begriff der Erfahrung nichts gemein mit dem naturwissenschaftlichen Experiment."[183] Das gilt für alle Moralisten. Sie waren keine Naturwissenschaftler. Ihr skeptischer Konservativismus läßt sich auf das Erfindungs- und Veränderungsverlangen nicht ein, das die hypothetischen und experimentierenden Konjunktive des Physikers Lichtenberg markieren. Vor dem Gedanken, ‚es *könnte* anders, *sollte* besser sein‘, mit dem Lichtenberg aus dem skeptischen Ansatz die progressive Energie bezieht, resigniert die Moralistik. Keine Experimente. Keine subversiven Konjunktive also. Künftig-Mögliches nach dem Verhältnis von Aufwand und Ertrag gegen das Gegenwärtig-Wirkliche abschätzend, hat 1770 der Abbé Galiani die Staatsumwälzung selbst unter der Voraussetzung verworfen, daß ihre Folgen positiv zu Buche schlügen:

„Le changement de la constitution [du gouvernement] est une bien belle chose lorsqu'elle est faite, mais une fort vilaine à faire. Elle tracasse rudement deux ou trois générations entières, et n'accommode que la postérité. La postérité n'est qu'un être possible, et nous sommes des êtres réels. Faut-il que les réels se gênent pour les possibles, jusqu'à en être malheureux? Non." [‚Ein Wechsel in der Verfassung ist etwas sehr Schönes, wenn er stattgefunden hat. Aber es ist unangenehm, ihn herbeizuführen. Zwei oder drei Genera-

tionen plagen sich damit, und erst die Nachwelt findet sich
in den neuen Zustand hinein. Aber die Nachwelt gehört zu
den möglichen Dingen, und wir sind wirkliche Wesen. Sollen sich die Wirklichen für die Möglichen so quälen, daß sie
unglücklich werden? Nein.']184
„Der Auffassung, daß man den Menschen ändern und die
Gesellschaft verbessern könne, hat erst die Aufklärung zum
Durchbruch verholfen."185

Kritisch-skeptisch zwar, aber keineswegs auch hypothe-
tisch-experimentell sich äußernd, machen die französischen
Moralisten gerade durch diese nur partielle Entsprechung
den am Konjunktivgebrauch der Sudelbücher ablesbaren
Doppelaspekt der Lichtenbergschen Denkfiguren kontra-
stierend kenntlich. In umgekehrter Art nun, durch Beleuch-
tung von der anderen Seite her, wird das Janushaupt des
Sudelbuchschreibers im Vergleich mit den frühromantischen
Fragmenten des Novalis sichtbar. Auf genau gegenläufige
Weise nämlich sind dessen Aufzeichnungen den Sudelbuchnotizen nahverwandt und ferngerückt zugleich.
Kein zweiter Aphorismenschreiber des späten 18. und
19. Jahrhunderts nähert sich Lichtenberg so entschieden
wie dieser Friedrich von Hardenberg. In den Aufzeichnungen insbesondere aus den drei letzten Lebensjahren
(1798–1800) des 29jährig Gestorbenen erscheinen die Konjunktivmorpheme (die beispielsweise in Goethes ‚Maximen
und Reflexionen', auch in Schlegels ‚Ideen' nur selten eingesetzt werden und durchaus untypisch bleiben) nicht nur in
höchst charakteristischer Häufung, sondern mit Absichten
überdies, die denen des Lichtenbergschen Sprachgebrauchs
auf überraschende Weise entsprechen. Ihr Ursprungsbereich
ist offensichtlich auch hier die Naturwissenschaft. Im Dezember 1797 hatte Hardenberg sein Studium an der Freiberger Bergakademie aufgenommen (wo Lichtenbergs Schüler
Wilhelm August Lampadius unterrichtete!), und vom Mai

1799 an war er als kursächsischer Salinenbeamter tätig. Auf die Physik, Chemie und Mathematik, Geologie, Mineralogie und Medizin richteten sich dabei seine weitgespannten Interessen. Und vorzugsweise in den Freiberger naturwissenschaftlichen Studien, in der als ‚Das Allgemeine Brouillon‘ bezeichneten Materialsammlung zu einer alle Wissenschaften umfassenden ‚Enzyklopädistik‘ aus den gleichen Jahren, in den Fragmenten und Studien von 1799/1800 und den Notizen aus der anschließenden Berufstätigkeit finden sich nun zahlreiche Konjunktivkonstruktionen, die denen der Sudelbücher so offensichtlich entsprechen, daß ich eine Reihe von Beispielen jetzt kommentarlos vorführen kann.

Konjunktivische Fragesätze richten sich gelegentlich auch bei Hardenberg auf die Möglichkeit neuartiger oder verbesserter naturwissenschaftlicher Instrumente und Verfahrensweisen (für Lichtenberg vgl. oben Seite 58 f.):

„*Ließen* sich *nicht* die chymischen Werckzeuge noch sehr verbessern?“[186]

„*Ließe* sich *nicht* ein Pochrad, wie die Spille eines Spinnrads, durch ein Seil mit einem Kunst oder Treiberade verbinden?“[187]

Weit häufiger aber setzt er Lichtenbergs ‚Sollte?‘- oder ‚Sollte nicht?‘-Formel (vgl. oben Seite 58 ff.) für die naturwissenschaftliche Hypothesenbildung ein:

„*Sollt nicht* die Luft auch ein Resultat einer Verbrennung seyn, wie das Wasser?“[188]

„*Sollte* die Wärme die dritte starrmachende Kraft seyn — und Flüßigkeiten nicht durch Überfluß an Wärme, sondern durch Mangel an Wärme flüssig sein?“[189]

„*Sollte* zu manchen Zeiten die Erde anschwellen und abnehmen? Eine Erdflut und Ebbe.“[190]

Auch Hardenbergs spekulative Energie bringt dabei kon-
junktivisch-hypothetische Fragestellungen hervor, die zuweilen an einer „Entdeckung hinstreichen mögen" (vgl.
oben Seite 62 f.):

> „Über die Geschlechtslust – die Sehnsucht nach fleischli-
> cher Berührung – das Wolgefallen an nackenden Men-
> schenleibern. *Sollt* es ein versteckter Appetit nach Men-
> schenfleisch seyn?"[191]

> „Über das physische Wircken durch Gedanken im Körper
> [...]. *Sollte* man ein kaltes Glied *nicht* durch Hineinden-
> kung von Wärme in einer gewissen Zeit warm machen
> können."[192]

Einen zweiten großen Bereich der Konjunktivverwendung
in Hardenbergs Aufzeichnungen bilden konditionale Konstruktionen von genau jener experimentellen Struktur, die
Lichtenbergs Sudelbücher zeigen (vgl. oben Seite 83 ff.). Projektnotizen auch hier:

> „*Wenn* man einmal Lebensluft aus Braunstein zugleich
> mit Wasserdämpfen durch glühende Röhren über Kohlen
> streichen *ließe? Sollte* sich nicht eine Suroxigènirung des
> Wassers bewircken lassen oder andre vegetabilische Zu-
> sammensetzungen?"[193]

Auch Hardenberg hat im konjunktivischen Konditionalgefüge häufig Experimente skizziert, die mit Rücksicht auf die
versuchstechnischen Möglichkeiten der Zeit nicht durch-
führbar waren oder in der Realität prinzipiell nicht möglich
sind.

> „*Wenn* man Oel unterm Wasser zur Zusammenziehung
> und Secretion reitzen *könnte – so würde* es auch strahlen-
> förmig das Wasser durchdringen – oder durchbre-
> chen."[194]

„*Würde nicht* jeder gereizte Körper sich dem Körper der
ihn reizte, in einem gewissen Verhältnisse nähern – bis zu
einem Puncte, und dann sich wieder von ihm entfernen –
z. B. bey der Wärme – *wenn* beyde K[örper] im weiten
Weltraume *schwömmen?*"[195]

Nicht realisierbare Versuche auf solche Weise mit Hilfe des
bloßen Vorstellungsvermögens zu unternehmen, das nannte
Lichtenberg „mit Gedanken experimentieren" (vgl. oben
Seite 85). Gleichermaßen verfahrend, stellt Hardenberg
auch die gleiche Überlegung an und notiert als Maxime:
„Experimentiren mit Bildern und Begriffen im Vorstel-
l[ungs] V[ermögen] ganz auf eine dem phys[ikalischen] Ex-
perim[entiren] analoge Weise."[196] Vor allem im ‚Allgemeinen Brouillon‘ hat er das Experiment als zentrale Kategorie
für die Operationen des menschlichen Geistes bestimmt und
bedacht.[197] Vom „Erfindungsgeist neuer Experimente"
schreibt Hardenberg da und erklärt: „Auch Experimentator
ist nur das Genie." Er konstatiert den Zusammenhang von
Experiment und Hypothese (vgl. oben Seite 71 f.), indem er
notiert, daß er „zum Experimentiren eine allg[emeine] Idee
– idealisches Schema des Experimentirens mit hinzubringen
muß – eine rohe Schematische Hypothese". Wie der Sudelbuchschreiber „Neue Irrtümer zu erfinden" sich vornahm
(vgl. oben Seite 72 f.), hat er notiert: „Irrthum ist das noth-
w[endige] Instrument d[er] Wahrheit – Mit dem Irrthum
mach ich Wahrheit". Die ars inveniendi beschäftigt ihn:
„Hätten wir auch eine Fantastik wie eine Logik, so wäre die
Erfindungskunst – erfunden." Lichtenberg ging in diesem
Zusammenhang der Frage nach, wie man zur Beförderung
des Erfindens und Entdeckens „nach gewissen Gesetzen von
der Regel abweichen könne" (vgl. oben Seite 94 ff.); ebenso
interessieren Hardenberg „die Veränderungsgesetze überhaupt". Und hier wie dort schließlich greift dieses experimentierende Denken über sein naturwissenschaftliches Trai-

ningsfeld hinaus. Die Auffassung des „Lebens, als eines beständigen Experimentirens" bestimmt das ‚Allgemeine Brouillon': von „Experimentalpolitik" hat der Göttinger Experimentalphysiker gesprochen (vgl. oben Seite 109) – Hardenberg von der „Experimentalphysik des Geistes" und „Experimentalphysik des Gemüths", von „Experimentalphil[osophie]", „Experimentalreligionslehre" und über „Innre, religiöse Experimente und Beobachtungen", über Predigten, welche „Experimente Gottes" enthalten.

Er war keineswegs blind für die Gefahren, welche die expansive Spekulation eines solchen „beständigen Experimentirens" birgt. Ahnte sehr wohl, wohin das gehen könnte und was da drohte. Schrieb also auf die ihm selber zugedachte Warntafel: „die bloße Experimentation und Beobachtung führt in unabsehliche Räume und schlechthin in die Unendlichkeit – Ist sie poëtischer Natur und Absicht, so mags seyn – sonst muß man absolut einen Zweck – mit Recht Finis genannt – haben oder Setzen – damit man sich nicht in diese Speculation, wie in ein Labyrinth – einem Wahnwitzigen völlig gleich, verliert."[198] Tatsächlich aber zielten doch alle Operationen seines Geistes genau dorthin: „in unabsehliche Räume und schlechthin in die Unendlichkeit". Novalis überschritt die Grenze, welche auf diesem Warnschild markiert worden war, und unterstellte auch die Naturwissenschaft „poëtischer Natur und Absicht". „Der Poët", erklärte er, „versteht die Natur besser, wie der wissenschaftliche Kopf."[199] „Die Physik", konstatierte er, „ist nichts, als die Lehre von der Fantasie."[200] Und an August Wilhelm Schlegel hat er deshalb geschrieben, „die Wissenschaften müssen alle poëtisirt werden – von dieser realen, wissenschaftlichen Poësie hoff ich recht viel mit Ihnen zu reden."[201]

Der Spätaufklärer Lichtenberg hätte diesen Frühromantiker einen Schwärmer genannt (in der Tat: „einem Wahnwitzigen völlig gleich"), wenn er solche Losungen bei ihm noch hätte lesen können und gesehen hätte, zu welch spekulativen

Eskapaden daraufhin das „Hebzeug" des konjunktivischen Fragesatzes und konjunktivischen Konditionalsatzes hier verwendet wurde:

> „*Sollten* die Pflanzen etwa die Produkte der weiblichen Natur und d[es] männlichen Geistes – und die Thiere die Produkte der männlichen Natur und des weiblichen Geistes seyn? Die Pflanzen etwa die Mädchen – die Thiere die Jungen der Natur?"[202]

> „*Sollten* die Weltkörper Versteinerungen seyn? Vielleicht von Engeln."[203]

> „*Sollte* es nicht auch drüben einen Tod geben – dessen Resultat irrdische Geburt *wäre*. So *wäre* das Menschengeschlecht kleiner – an Zahl geringer, als wir dächten. Doch läßt es sich auch noch anders denken."[204]

> „*Wenn* man die Kunst zu azotiren, zu hydrogeniren und zu Carbonisiren so gut nachzumachen *wüßte*, wie das Säuren, *so hätten* wir vielleicht die Kunst, lebendige Wesen zu machen, in unsrer Gewalt."[205]

Was sich, mit dem Bedeutungskatalog des Lichtenbergschen Konjunktivgebrauchs verglichen, in Hardenbergs Aufzeichnungen nahezu vollständig verliert, ist nicht allein der Vorbehalts-Konjuktiv in indirekter Rede, sondern vor allem das in dubitativem Sinn verwendete, nicht negierte konjunktivische Modalverb: jenes ‚*Sollte* es wirklich so sein, daß ...' (vgl. oben Seite 57 f.). Viele seiner Konjunktiv-Notizen wären durchaus auch im Kontext der Sudelbücher denkbar. Umgekehrt aber erschienen Lichtenbergs leitende „Frage: Ist dieses auch wahr?" und der Vorsatz „Zweifle an allem wenigstens Einmal", welcher seinen im Konjunktiv der indirekten Rede geübten kritischen Vorbehalt gegenüber fremder Meinung auch auf den eigenen Gedanken bezog (vgl. oben Seite 46 f.), mit dem Kontext des ‚Allgemeinen

Brouillon' doch schlechterdings unverträglich. Hier wird die spekulative Energie des experimentellen Konjunktivs nicht mehr durch seine kritisch-skeptische Potenz gezügelt und diszipliniert (vgl. oben Seite 68). Viele von Hardenbergs Aufzeichnungen streifen deshalb auch noch das Modusmorphem von sich ab, das solche Sätze immerhin als Hypothesen kenntlich hielte. Wo der Sudelbuchschreiber ohne Zweifel sein „(? L.)" mit Konjunktiven zur Geltung gebracht hätte (vgl. oben Seite 122 f.), erscheinen bei Hardenberg nach dem Muster seiner dichterisch-fiktionalen Sätze (Novalis: „Klingsohr *ist* der König von Atlantis. Heinrichs Mutter *ist* Fantasie. Der Vater *ist* der Sinn. Schwaning *ist* der Mond"[206]) dezidierende Indikative, mit denen in der Tat „die Wissenschaften [...] poëtisirt werden". Mit Lichtenberg zu reden (vgl. oben Seite 68 f.): hier spricht der Romantiker die dogmatische, nämlich konjunktivlose „Hofsprache der Hypothesenmacher" –

„Alle Gährung *ist* Wirckung des Galvanismus (der Berührungstheorie der verschiedenen Grade) Organisirte Gährung *ist* Kreislauf der Säfte."[207]

„Die Körper *sind* in den Raum precipitirte und angeschoßne Gedanken – Bey der Precipitation *ist* der Raum, als 0 oder ∞ – als freye Temperatur – Substantieller K[örper], zugleich entstanden."[208]

„Die Sinne [*sind*] an den Thieren, was Blätter und Blüthen an den Pflanzen sind. Die Blüthen *sind* Allegorien des Bewußtseyns, oder des Kopfs. Eine höhere Fortpflanzung *ist* der Zweck dieser höheren Blüthe – eine höhere Erhaltung – Bey den Menschen *ist* es das Organ der Unsterblichkeit – einer progressiven Fortpflanzung – der Personalitaet. Merkwürdige Folgerungen für beyde Reiche."[209]

Hier berührt der Modusgebrauch bei Hardenberg-Novalis den der spekulativen Naturphilosophie der Romantik, wo

die empirisch-experimentelle Überprüfung aufgegeben und jeder skeptische Vorbehalt verabschiedet ist; wo deshalb Schellings oder Okens bodenlose Indikative als grammatische Signatur eines Symbol-Denkens in wilden (nämlich ihrer selbst nicht mehr bewußten) Hypothesen erscheinen:

„Die tieffsten Sterne, die dem Centro am nächsten, und unter diesen insbesondere Venus, als der mittlere, *sind* das Gold des Himmels; denn der unterste, Mercurius, *hat* noch ein Uebergewicht der Leiblichkeit und Besonderheit in sich, so daß er das Wesen der Sonne weniger in sich selbst *aufnimmt,* und der besondern Verwandtschaft gegen sie unterworfen, durch den Zug, den er *erleidet,* auch in seiner Bahn excentrischer *wird.* Die Erde dagegen, der entferntere, *hat* schon mehr von dem Wesen in sich eingebildet und *nähert* sich mehr der Starrheit und dem Zusammenhang in sich selbst, alle aber *haben* das erfreuliche südliche Princip und die Legirung des Allgemeinen von der Sonne in ihrer Besonderheit empfangen, und *sind* dadurch animalisch, und wie das Gold in der Erde das schönste Metall, so die schönsten Sterne der Planetenwelt.‟[210]

„Die Ursphäre *ist* rotirend, denn sie *ist* nur durch Bewegung entstanden; die Bewegung der Sphäre *kann* aber nicht fortschreitend seyn, denn sie erfüllt ja alles. Gott *ist* eine rotirende Kugel. Die Welt *ist* der rotirende Gott.‟
„Die Planeten *sind* nur abgespiegelte Sonnen in der Finsterniß; sie *sind* ursprünglich Farbenhohlkugeln gewesen, dann Farbenbahnringe (solare Regenbogen), dann Farbenscheiben geworden.‟
„In der Blühte *ist* das Problem gelöst, eine ganze Pflanze durch das bloße Licht ohne Erde, Wasser und Luft, gleichsam auf blos geistige Weise zu produciren.‟
„Die Zunge *ist* nur die verlängerte Speiseröhre auf einer, der vordern Seite, weil vorne mehr Fleisch ist. Die Zunge

*ist* das Darm-End zu Muskel geworden. Die Nase *ent-hält* Brustmuskeln, der Mund Bauchmuskeln."
„Das vollkommne Thier *besteht* wieder aus zwei Thie-ren, dem geistigen, solaren, und dem irdischen, planeta-ren, *wie jetzt nachgewiesen.*"[211]

Verdeutlicht sich also im Kontrast zu den Moralisten die hypothetisch-experimentelle Expansionskraft des (in der Konjunktivsprache sich äußernden) Lichtenbergschen Den-kens, so im Vergleich mit diesen Romantikern sein selbstkri-tisch-skeptisches Bändigungsvermögen. Daß ihn (anders als jene) der Zweifel zur Hypothese treibt, und daß er zugleich doch (anders als diese) die Skepsis einsetzt zum Zuchtmei-ster der Spekulation, bestimmt die Position dieses Physikers: weist ihn als Aufklärer aus.

Umgekehrt gilt allerdings: Aufklärer waren hierzulande, anders als in Frankreich oder auch in England, in aller Regel nicht als Physiker ausgewiesen, nicht in den Naturwissen-schaften unterrichtet, sondern humanistisch-theologisch ge-bildet. Das hatte Folgen. „Apollo verlangte von den Ein-wohnern zu Delos die Auflösung eines Problems aus der Geometrie um die Pest aufzuhalten. Die Aufgabe war: die Weite des doppelten Würfels aus der Seite des einfachen zu finden." Lichtenberg (dem „die klaren Freuden-Tränen in die Augen gedrungen sind", als er sah, daß man in seinem Vaterland anfing, wenigstens „zu wissen was Wurzelzeichen sind" [D 514]) gab einem Wiederholungsversuch noch für 1771 nur geringe Erfolgschancen. Mit vollem Recht.

„*Wenn* heutzutag mancher Stadt in Deutschland eine sol-che Aufgabe vorgelegt *würde, was würde* alsdann ein Hochweiser Magistrat beschließen: vermutlich dem Him-mel die Sache anheimzustellen und die Pest ausrasen zu lassen." [B 362]

Das geistige Schisma der westlichen Industriestaaten, das C. P. Snow 1959 in der tiefgreifenden und fortschreitenden wechselseitigen Entfremdung zwischen den „two cultures" der literarisch gebildeten ‚Intellektuellen‘ und der Naturwissenschaftler diagnostiziert hat[212], setzte in Deutschland schon im 18. Jahrhundert ein. Für die eigenen „aufgeklärten Zeiten" bereits hat Lichtenberg (in seinem Artikel ‚Von dem Nutzen, den die Mathematik einem Bel Esprit bringen kan‘) jene „Gattung von Leuten", die er da als „die sogenannten Schöndenker oder witzige Köpfe von Profession", als den „galantere[n] Teil der Welt" bezeichnet, von solchen unterschieden, die sich „in der höheren Geometrie" und der „Rechnung des Unendlichen" auskennen.[213] Und wenn er „eine Sprache, in welcher die Iliade übersetzt gleichlautend mit Newtons Pricipiis *wäre*", als eine der „grössten und wichtigsten Erfindungen" sich dachte[115], ging solch ein Traum doch auf die Überwindung der Kluft zwischen eben diesen „two cultures". Er allein, der in der Experimentalphysik die Pflanzschule seiner konjunktivischen Sprachformen, im naturwissenschaftlichen Arbeitsbereich ein Trainingsfeld kritischer und skeptischer, hypothetischer und experimenteller Denkweisen fand, hat zu dieser Zeit die erste Konjugation in solcher Sprache versucht.

Durch Konjunktive also haben die zeitgenössischen deutschen Aufklärer sich nicht ausgewiesen: auf untypische Ausnahmefälle beschränkt, landläufigem Gebrauch entsprechend, hat die Verwendung dieses Modusmorphems die Physiognomie ihres Stils durchaus nicht bestimmt. In dieser Hinsicht zählte Lichtenberg zu den „Menschen, die sogar in ihren Worten und Ausdrücken etwas Eigenes haben".[214] Wenn der 1770 zum außerordentlichen Professor der Philosophie ernannte Naturwissenschaftler in einer Sudelbuchnotiz vom Sommer 1771 das Adjektiv seiner Amtsbezeichnung ‚Professor Philosophiae extraordinar*ius*‘ in den Genitiv „extraordinar*iae*" verschob[173], bestimmte er mit diesem Wort-

spiel die eigene Position. Er war tatsächlich Professor einer
außergewöhnlichen Philosophie. Aber die allgemeinen
Grundsätze eines vernunftbegründeten autonomen Verhaltens zur Welt, die kritischen und skeptischen, auf den Versuch und die bessernde Veränderung gerichteten Denkweisen der Aufklärung haben in den Schriften dieses Einzelgän-
gers doch eine ihrer reinsten Ausprägungen erfahren. Der
Niederschlag, den sie in seinen Sudelbüchern fanden, gleicht
wohl den destillierten Wassertropfen über einem Kessel, in
dem ein vielfältig gemischter Sud durcheinanderkocht. Erst
der Göttinger Experimentalphysiker hat auf diese Weise den
Konjunktiv zur grammatischen Signatur gemacht und ihn
als ein „Zeichen für Aufklärung" eingesetzt (vgl. oben Seite
45).

Das meint freilich mehr als nur ein Etikett für jenes
abgelebte Zeitalter, welches wir die Epoche der Aufklärung
nennen. Will man Aufklärung nicht als erledigtes (aufgege-
benes), sondern als ein fortgesetzt notwendiges Geschäft
verstehen, kann man das auf nichts anderes abstellen als auf
Grundsätze – wie sie eben in Lichtenbergs Konjunktiven
sich aussprechen. Denn diese Konjunktive lassen sich sehr
wohl als verfahrenstechnische Grundprinzipien deuten und
mit bestimmten methodischen Tendenzen identifizieren, niemals aber auf Inhalte einschwören. In den Aufzeichnungen
des Sudelbuchschreibers haben sie keineswegs nur gegenüber fremdbestimmtem Inhalt, angesichts des Vorgegebenen
und Bestehenden ihren skeptisch-kritischen Prüfungsvorbe-
halt geübt und ihre weiterdrängende hypothetisch-experimentelle Energie entwickelt, sondern immer auch gegenüber
den eigenen Ansichten, Urteilen, Wertvorstellungen. „Warum glaube [oder vertrete, bewahre, verlange] ich dieses? Ist
es auch würklich so ausgemacht"? [J 1326] Aufklärerisches
Denken, heißt das, macht vor sich selbst nicht halt. Weist
sich allein als aufklärerisch aus, indem es die Gründe, welche schärferer Prüfung oder neuer (lebensgeschichtlicher wie

historischer) Erfahrung und besserer Einsicht entspringen
mögen, auch gegen die jeweils eignen Positionen gelten läßt.
Gegen jede systematische Fixierung und ideologische Fort-
schreibung dogmatischer Inhalte aufbegehrend, gehorchen
Lichtenbergs anarchische Konjunktive jenem „einzigen immer regen Trieb nach Wahrheit, obschon mit dem Zusatze
[...] immer und ewig zu irren", den sein Zeitgenosse Lessing
sich aus Gottes Hand erbat.[215] Man könne „nicht vorsichtig
genug sein in Bekanntmachung eigner Meinungen, die auf
Leben und Glückseligkeit hinaus liefen, hingegen nicht em-
sig genug, Menschen-Verstand und Zweifel einzuschärfen",
hat Lichtenberg gemeint. Als „eine Art von Einweihung in
die Mysteria der Menschheit" hat er es verstanden, daß man
„die Menschen lehrt w i e sie denken sollen und nicht ewig
hin, w a s sie denken sollen" [in F 441]. Das hatte der junge
Alexander von Humboldt, der 1789 und 90 in Göttingen
studierte, Lichtenbergs Vorlesungen hörte und ihm am
3. Oktober 1790 einen Dankesbrief schrieb, bei diesem Lehrer offenbar gelernt: „Ich achte nicht bloß auf die Summe
positiver Kenntnisse die ich ihrem Vortrage entlehnte –
mehr aber auf die allgemeine Richtung die mein Ideengang
unter Ihrer Leitung nahm. Wahrheit an sich ist kostbar,
kostbarer aber noch die Fertigkeit, sie zu finden."

Es haben nicht nur Naturwissenschaftler von ihm gelernt.
Seine „Sprache", auch wenn sie Homers „Iliade" nicht
„gleichlautend mit Newtons Principiis" machte, ging doch
Homerleser wie Newtonkenner an: „the two cultures". Ein-
flußforschung und Rezeptionsgeschichte will ich hier nicht
treiben. Vieles und wohl gerade das Wichtigste wäre in diesem Fall ohnehin kaum auszumachen, weil es entweder in
weit verteilten Spurenelementen „positiver Kenntnisse" besteht und wirkt, wie Humboldt sie Lichtenbergs Vortrag
entlehnte, oder aber unmerklich jene allgemeine Richtung
mitbestimmt, von der Humboldt schrieb, daß sein „Ideengang" sie unter Lichtenbergs Leitung nahm. So weise ich nur

auf zwei Beispielfälle im Bereich der Erzählkunst hin, welche
diese beiden Aspekte der ‚Rezeption' auf allerdings unverkennbare Weise bezeichnen.

Der erste Fall steht für die fortwirkende Produktivkraft
„positiver Kenntnisse" und betrifft eines der von Lichtenberg hinterlassenen konjunktivisch-konditionalen Gedankenexperimente (die oft schon in seinen eigenen Arbeitsnoti-
zen ausdrücklich auf Verwirklichung drängen: „Man *könnte* daraus eine artige Fabel machen" [in F 33] oder „Dieses
*verdiente* in einem Roman mit Weisheit und Kenntnis der
Welt behandelt zu werden" [in F 320]). Hier wird die Appellstruktur sichtbar, die auf dem Versuchs-Status solcher ‚Vorarbeiten' beruht.

„*Wenn* der Mensch, nachdem er 100 Jahre alt geworden,
wieder umgewendet werden *könnte,* wie eine Sanduhr,
und so wieder jünger würde, immer mit der gewöhnlichen
Gefahr, zu sterben; *wie würde* es da in der Welt aussehen?" [K 277]

Diesen vom „heuristischen Hebzeug" des Konjunktivs her-
aufgeführten Entwurf hatte schon Lichtenberg selbst mit einer flüchtigen Skizze zu überführen begonnen in einen fiktionalen Text und ihn überdies als Strukturmodell dem geplanten Roman über das ‚Leben Kunkels' zu unterlegen versucht (vgl. oben Seite 116 f.). Elias Canetti und Helmut Heißenbüttel haben das aufgenommen, und bei jedem dieser
gründlichen Kenner und erklärten Liebhaber der Sudelbücher[216] darf man unterstellen, daß er das Modell tatsächlich
doch Lichtenbergs „Vortrage entlehnte".
Canetti (mit dem auf 1942 datierten, überschriftslosen ersten Stück des ersten Bandes seiner ‚Aufzeichnungen'[217]) be-
läßt seine Skizze im Medium des Konjunktivs, erhält so den
die Einbildungskraft des Lesers belebenden Entwurfs-Cha-
rakter des Modells. Auf Lichtenbergs Frage, wie es unter

solcher Versuchsbedingung denn „in der Welt aussehen" würde, antwortet er mit der märchennahen Imagination eines den Menschen durch die ,Indikative' der Wirklichkeit versagten Glücks:

> „Es wäre hübsch, von einem gewissen Alter ab, Jahr um Jahr wieder kleiner zu werden und dieselben Stufen, die man meist mit Stolz erklomm, rückwärts zu durchlaufen. Die Würden und Ehren des Alters müßten trotzdem dieselben bleiben, die sie heute sind; so daß ganz kleine Leute, sechs- oder achtjährigen Knaben gleich, als die weisesten und erfahrensten gelten würden. Die ältesten Könige wären die kleinsten; es gäbe überhaupt nur ganz kleine Päpste; die Bischöfe würden auf Kardinäle und die Kardinäle auf den Papst herabsehen. Kein Kind mehr könnte sich wünschen, etwas Großes zu werden. Die Geschichte würde an Bedeutung durch ihr Alter verlieren; man hätte das Gefühl, daß Ereignisse vor dreihundert Jahren sich unter insektenähnlichen Geschöpfen abgespielt hätten, und die Vergangenheit hätte das Glück, endlich übersehen zu werden."

Heißenbüttel (mit der in seiner 1980 erschienenen Textsammlung ,Das Ende der Alternative' enthaltenen ,Rückwärtsgeschichte'[218]) transformiert das Modell in den Indikativ des epischen Präteritums:

> „Einem Witwer, der mit seiner Tochter zusammen lebte, wurde, als er sich im Pensionsalter befand, vom lieben Gott, weil er gar so jämmerlich darum gebeten hatte, seine Bitte erfüllt. Er mußte nicht länger älter werden. Aber da auch der liebe Gott nicht, wie einige Mystiker angenommen haben, außerhalb der Zeit existiert, sondern an sie gebunden ist wie der Mensch, nur auf andere Weise, konnte er für diesen Witwer ebenfalls die Zeit nicht einfach aussetzen, sondern nur umkehren. Der Mann wurde

von Stund an nicht älter, sondern jünger. Da er zum Zeitpunkt dieser Umkehr fünfundsechzig, seine Tochter jedoch neununddreißig Jahre alt war, läßt sich leicht errechnen, daß sie sich nach Verlauf von dreizehn Jahren im gleichen Alter trafen.

Das war eine angenehme Zeit für beide, und im Grunde läßt sich dazu nicht mehr sagen, als daß beide sich wohl fühlten."

Märchennahe mutet eingangs auch diese Variation aufs Lichtenbergsche Thema an. Doch zur Glücksgeschichte gerät die weiterführende Erzählung diesmal nicht. Hatte nämlich Canetti das Objekt des vorgegebenen Gedankenexperiments („Wenn *der* Mensch..."') als ‚jedermann' eingebracht in seinen Wiederholungsversuch, so probiert es Heißenbüttel in der ‚Rückwärtsgeschichte' mit ihm als „Einem" nur. Dem, der da als einziger immer jünger wird, entfernen sich die neben ihm Alternden, entrückt sich die Welt, in der er zuhause war. Die ‚soziale' Parabel mündet in das Grauen der Entfremdung.

„Erst als das Gehirn in seine Keimzellen zurückkroch, war er erlöst. Schließlich war es auch eine Art Tod. Er wurde, der normalen Zeitrechnung nach, genau einhundertunddreißig, das ist zweimal fünfundsechzig, Jahre alt.
Zusatz: Ich möchte die Geschichte so, wie ich sie erzählt habe, eigentlich widerrufen und jeden, der bis hierher durchgehalten hat, auffordern, sie sich doch einfach selber noch einmal auszudenken."

Das hieße freilich, die Indikative des epischen Präteritums, in denen die Geschichte („so, wie ich sie erzählt habe") sich verfestigt hat, wieder in den flüssigen Aggregatzustand der Konjunktive versetzen, aus dem sie hervorgegangen war. Damit wäre der Möglichkeitsstatus wiederhergestellt, auf dem die produktive Kraft der Lichtenbergschen Versuchsanordnung beruht; hätte Heißenbüttel dem Urheber gleichsam zurückerstattet, was er seinem „Vortrage entlehnte", und das Gedankenexperiment der ‚Rückwärtsgeschichte' wieder verfügbar gemacht zu fortgesetztem eigenen Nachdenken des Lesers darüber, wie es in der Welt denn aussehen würde, *„wenn . . .".*

„W*enn* man gar nicht einmal die Geschlechter an den Kleidungen erkennen *könnte,* sondern auch noch sogar das Geschlecht erraten *müßte, so würde* eine neue Welt von Liebe entstehen."

Lichtenberg hat seinem konjunktivisch-konditionalen Entwurf hier ausdrücklich hinzugefügt: „Dieses verdiente in einem Roman mit Weisheit und Kenntnis der Welt behandelt zu werden." [F 320] Wenn in Robert Musils ‚Der Mann ohne Eigenschaften' (1930 ff.) die „vergessene Schwester" Agathe und der „unbekannte Bruder" Ulrich, die sich seit ihrer Kindheit kaum mehr gesehen haben, zum erstenmal wieder einander begegnen, finden sie sich „durch geheime Anordnung des Zufalls" in pierrotartige Hausanzüge gekleidet, die, einander gleichend, das Geschlecht nicht zu erkennen geben. Ulrich steht einem „Pierrot gegenüber, der auf den ersten Blick ganz ähnlich aussah wie er selbst. ‚Ich habe nicht gewußt, daß wir Zwillinge sind!' sagte Agathe, und ihr Gesicht leuchtete erheitert auf." Das nächste Kapitel beginnt mit dem Nachtrag „Sie hatten sich nicht zum Willkommen geküßt" und endet mit den Worten „So nahm er sie bloß in den Arm und küßte sie." Eine neue Welt von Liebe entsteht. Geschwisterliebe. Die „Reise an den Rand des Möglichen" beginnt.[219]

Es ist keineswegs ausgemacht, wohl nicht einmal wahrscheinlich, daß Musil hier eine „positive Kenntnis" bei Lichtenberg entlehnte (wie man das doch im ersten Fall Canetti oder Heißenbüttel unterstellen darf). Belanglos ist es außer-

dem. Denn das Beispiel Musils steht in rezeptionsgeschicht-
lich-typologischer Hinsicht entschieden für jene „allgemeine
Richtung", von der der junge Humboldt schrieb, daß sein
„Ideengang" sie unter Leitung dieses Lehrers genommen habe. Eine undatierte Notiz aus Musils Nachlaß vermerkt, daß
er (zu einem unbestimmten Zeitpunkt) „Lichtenberg ohne
Interesse anlas u. vierzehn Tage später verschlang".[220] Ob
das schon vor Beginn oder erst während der Arbeit an seinem großen Roman geschah, ist nicht sicher auszumachen.[221] Ob die allgemeine Richtung des Ideengangs im
‚Mann ohne Eigenschaften' durch den Sudelbuchschreiber
gewiesen und bestimmt wurde, oder ob Musil (wie ich eher
denken möchte) sich seiner selbst am Beispiel dieses Vorgän-
gers vergewisserte und in den Schriften des Konjunktivmei-
sters eine freilich ungeheuer eindrucksvolle Bestätigung und
Ermutigung fand, muß man (darf man) unentschieden lassen. So oder so: selten mögen sich zwei zeitlich so weit
voneinander Entfernte als derart Gleichgesinnte finden.

Vom „Möglichkeitssinn" hat Musil geschrieben. Wer den
besitze, sage „beispielsweise nicht: Hier *ist* dies oder das
geschehen, *wird* geschehen, *muß* geschehen; sondern er erfindet: Hier *könnte, sollte* oder *müßte* geschehn; und wenn
man ihm von irgend etwas erklärt, daß es so *sei,* wie es *sei,*
dann denkt er: Nun, es *könnte* wahrscheinlich auch *anders*
sein". „Solche Möglichkeitsmenschen", hat er geschrieben,
„leben, wie man sagt, in einem feineren Gespinst, in einem
Gespinst von Dunst, Einbildung, Träumerei und Konjunktiven" (vgl. oben Seite 126). Und als einen „Möglichkeitsmenschen" eben hat er den ‚Mann ohne Eigenschaften'
dargestellt. Dieser Ulrich, erklärte er im Gespräch, sei dadurch charakterisiert, daß er „aufs Handeln bewußt verzichtet und gedankliche Experimente macht".[222] Die in den Sudelbüchern ausgemachten kritisch-skeptischen und hypo-
thetisch-experimentellen Konjunktive bestimmen gleichermaßen die Physiognomie des Stils in Ulrichs Reflexionen.

Auch hier erscheinen sie in ihrer signifikanten Häufung als grammatische Indizien für aufklärerische Grundpositionen. Denn der so denkt und spricht, zeigt sich geneigt, fremde Ansichten und landläufige Meinungen nicht ungeprüft zu übernehmen und ebenso die eigenen Vorstellungen und Überlegungen als Versuche anzusehen, andere Möglichkeiten dabei offen zu lassen. Der sich nicht mehr begnügt mit jenen Indikativen, welche nurmehr das Gegebene festzuhalten suchen, hängt einem „Bauwillen und bewußten Utopismus" an, welcher „die Wirklichkeit nicht scheut, wohl aber als Aufgabe und Erfindung behandelt."[223] So nämlich hatte Ulrich das Leben sich gedacht: wie ein „Laboratorium", „wie eine große Versuchsstätte, wo die besten Arten, Mensch zu sein, durchgeprobt und neue entdeckt werden müßten".[224] Und so, als Laboratorium, als Versuchsstätte, hat Musil die Kunst, die Dichtung, seinen Roman sich gedacht; „immer neue Lösungen, Zusammenhänge, Konstellationen, Variable zu entdecken, Prototypen von Geschehensabläufen hinzustellen, lockende Vorbilder, wie man Mensch sein kann", darin sah er die „Aufgabe" des Dichters.[225] Ein Experiment mit offenem Ausgang war ‚Der Mann ohne Eigenschaften‘, dessen Entstehungsgeschichte sich als fortgesetztes Entwerfen, Zurücknehmen, Andersmachen darstellt, und dessen Struktur, vom experimentellen Einzelsatz bis zum unabgeschlossenen Ganzen dieses großen Roman-Fragments, dem im „Conjunctivus potentialis"[226] beschlossenen Konstruktionsprinzip folgt.[227]

Daß er „anders denke" als geläufig, notierte Musil 1921 in seinem Tagebuch. „Es kommt davon, daß ich Ingenieur bin": auf „Veränderungen" bedacht, „Versuchen" nachgehend.[228] Er hatte Mathematik und Physik getrieben, Maschinenbau studiert, war danach wissenschaftlicher Assistent an der Stuttgarter Technischen Hochschule gewesen, hatte sich dann mit Logik und experimenteller Psychologie befaßt. „Es gibt heute keine zweite Möglichkeit so phantastischen Gefühls wie die des Mathematikers", erklärt er 1913 in seinem Essay ‚Der mathematische Mensch' (der Lichtenbergs Aufsatz ‚Von dem Nutzen, den die Mathematik einem Bel Esprit bringen kan' erstaunlich nahe kommt). Man habe „nach der Aufklärungszeit den Mut sinken lassen" und gestatte jetzt „jedem öden Schwärmer, das Wollen eines d'Alembert oder Diderot eitlen Rationalismus zu schelten"; Vorbilder aber „für den geistigen Menschen, der kommen wird", seien die Mathematiker.[229] Folgerichtig hat Musil auch die Zentralfigur seines Romans als Ingenieur und Mathematiker dargestellt. Von der „beweglichen, messerkühlen und -scharfen Denklehre der Mathematik durchdrungen", weiß sein Fürsprecher Ulrich:

> „*Wenn* man statt wissenschaftlicher Anschauungen Lebensanschauung setzen *würde,* statt Hypothese Versuch und statt Wahrheit Tat, *so gäbe* es kein Lebenswerk eines ansehnlichen Naturforschers oder Mathematikers, das an Mut und Umsturzkraft nicht die größten Taten der Geschichte weit übertreffen *würde* [...] die Menschen wissen das bloß nicht; sie haben keine Ahnung, wie man schon denken kann; *wenn* man sie neu denken lehren *könnte, würden* sie auch anders leben."[230]

Der Denklehre der Mathematik, der konstruktiven Phantasie des Maschinenbauingenieurs, der Experimentiergesinnung des Naturwissenschaftlers (übertragen auf das „Gebiet der Reaktivität des Individuums gegen die Welt und die anderen Individuen, das Gebiet der Werte und Bewertungen, das der ethischen und ästhetischen Beziehungen, das Gebiet der Idee", welches Musil „das Heimatgebiet des Dichters, das Herrschaftsgebiet seiner Vernunft" nannte[231]) verdankt sich dieses ‚konjunktivische' Erzählwerk. Kein anderer Schriftsteller hat bewußter und konsequenter als Musil im ‚Mann ohne Eigenschaften' mit den sprachlichen Formen operiert, die man (mit höherem Recht doch als jene durch elektrische Gleitentladung hervorgerufenen kleinen Formationen aus Harzmehlstaub – vgl. oben Seite 51) die ‚Lichtenbergschen Figuren‘ nennen könnte. Wie kein anderer hat Musil durch diesen „Roman mit Weisheit und Kenntnis der Welt“ die mit dem Zeitalter der Aufklärung keineswegs abgetane, unverminderte Brauchbarkeit und Bedeutung vor Augen geführt, welche die ‚Lichtenbergschen Figuren‘ im Haushalt unserer Sprache als einer Voraussetzung unseres Denkens und Handelns besitzen.

# § 15

*„eingelieferte Probestücke"*[232]:

## DIE WELT ALS VERSUCHSSTÄTTE

Die „allgemeine Richtung" des Ideengangs, mit welcher
‚Der Mann ohne Eigenschaften' den Spuren Lichtenbergs
folgt, führt zu einem Welt- und Gottesverständnis, dessen
ausdrückliche Kennzeichnung durch Musil rückwirkend die
theologischen Prämissen auch der ‚Lichtenbergschen Figuren' verdeutlicht.

Von Ulrich wird gleich zu Beginn des Romans berichtet, er
habe während seiner Schulzeit in einem Aufsatz geschrieben,

> „daß wahrscheinlich auch Gott von seiner Welt am lieb-
> sten im Conjunctivus potentialis spreche (hic dixerit quis-
> piam = hier könnte einer einwenden ...), denn Gott
> macht die Welt und denkt dabei, es *könnte* ebensogut
> anders sein."[233]

Dieser Satz (von dem es heißt, daß der Schreiber „mehr von
seinem Glanz geblendet wurde, als daß er sah, was darin
vorging") ruft im Gymnasium der Wiener Theresianischen
Ritterakademie, wo Ulrich erzogen wird, nicht ohne Grund
den Verdacht der „Gotteslästerung" wach.[233] Der Fortgang
des Romans macht das einsichtig. Wenn Ulrich und in gleicher Weise der Erzähler, in Konjunktiven denkend und spre-
chend, das Leben sich vorstellen „wie eine große Versuchsstätte, wo die besten Arten, Mensch zu sein, durchgeprobt
und neue entdeckt werden müßten", setzt dieser „Vergleich
der Welt mit einem Laboratorium"[224] die Schöpfung nicht
nur als unvollendet, sondern als (noch) unvollkommen vor-

aus. Das ‚Es *könnte* anders, *sollte* besser sein‘ scheint in einem grundsätzlichen, umfassenden Sinn erst möglich, wenn die Vorstellung sich durchsetzt, daß die gottgeschaffene Welt durchaus nicht die einzig denkbare sei und unter den denkbaren keineswegs die beste. „Gott sah an alles, was er gemacht hatte“, hieß es im Schöpfungsbericht (1,31); „und siehe da, es *war* sehr gut.“ Ersetzt man den Indikativ dieser Gottesrede durch jenen „Conjunctivus potentialis“, der in Ulrichs Aufsatzheft erscheint, und versucht man, ihn dem Schöpfer nachzusprechen, dann bezeichnet dieses Modusmorphem das Ende der Zeitalter, die mit der gottgegebenen Welt ins Einverständnis zu gelangen suchten, bricht den indikativischen Lobpreis der Schöpfung ab und signalisiert den Beginn der ‚Aufklärung‘.

Die fundamentale Frage, ob unsere offenbar unvollkommene Welt denn die einzig mögliche sei, hat Leibniz aufgeworfen in seinem Satz von dieser Welt als der ‚besten unter den möglichen‘ (den Lichtenberg wie Musil sehr wohl kannten[234]). Die Vorstellung einer vollkommenen Welt verstand dieser Vorarbeiter der Aufklärung freilich noch als widersprüchlich in sich selbst. Wie alles Endliche nämlich sah er jede mögliche Welt notwendig doch der Sünde unterworfen und also vom Übel behaftet, das geradezu als Ausfluß der Weisheit Gottes erschien. Die wirkliche, unvollkommene Welt begriff er deshalb als Ergebnis eines Ausgleichs zwischen dieser göttlichen Weisheit und einer göttlichen Güte, welche unter allen schöpfungsmöglichen Welten doch wenigstens die mit dem geringsten Maß an Übel behaftete schuf (und keineswegs dachte: „es *könnte* ebensogut anders sein“). Traten solche Prämissen aber aus dem Spiel, konnte das von Gott nicht Geschaffene als das dem Menschen Aufgetragene begriffen werden.

1740 erklärte Breitinger, es müßten außer der wirklichen Welt „noch unzehlbar viele Welten möglich seyn, in welchen ein anderer Zusammenhang und Verknüpfung der

Dinge, andere Gesetze der Natur und Bewegung, mehr oder weniger Vollkommenheit in absonderlichen Stücken, ja gar Geschöpfe und Wesen von einer gantz neuen und besondern Art Platz haben": „Ich sehe den Poeten an, als einen weisen Schöpfer einer neuen idealischen Welt oder eines neuen Zusammenhanges der Dinge."[235] 1800 formulierte Friedrich Schlegel in seiner Jenaer Vorlesung über ‚Transzendentalphilosophie' den Satz: „Daß die Welt noch unvollendet ist". Und setzte hinzu: „Denken wir uns die Welt als vollendet, so ist alles unser Thun nichts. Wissen wir aber, daß die Welt unvollendet ist, so ist unsere Bestimmung wohl, an der Vollendung derselben mitzuarbeiten. Der Empirie wird dadurch ein unendlicher Spielraum gegeben. Wäre die Welt vollendet, so gäbe es dann nur ein Wissen derselben aber kein Handeln.    Was Religion betrift, so erhalten wir nun das beste Verhältniß zwischen Menschen und den Göttern. Wäre die Welt vollendet, so würde der Mensch sie fürchten – oder verachten. Aber ist die Welt unvollendet, so ist der Mensch der Gehülfe der Götter."[236] Dem folgt die „allgemeine Richtung" des Musilschen Ideenganges. Als ein „auf ‚Herstellung' gerichteter Vorgang" wird Dichtung definiert.[237] Gedanken „des maximalen Anspruchs, des Laboratoriums, der ‚fortgesetzten Schöpfung' (wie man sagen könnte)" beziehen sich in den Studienblättern auf den ‚Mann ohne Eigenschaften'.[238] Und dieser Roman dann erklärt, das „Mögliche" umfasse „nicht nur die Träume nervenschwacher Personen, sondern auch die noch nicht erwachten Absichten Gottes."[239]


Den Konsequenzen der durch Kopernikus und Galilei vollzogenen Aufhebung einer geozentrischen und anthropozentrischen Kosmologie nachdenkend, war das 18. Jahrhundert fasziniert von der Möglichkeit einer Mehrheit von Welten, vom Gedanken an andere Lebewesen auf anderen Himmelskörpern und von der Frage ihrer unterschiedlichen

Qualitäten und Vollkommenheitsgrade im Verhältnis zu
den Erdbewohnern. Ob es nicht merkwürdig sei, hat man
gefragt, „daß im Gegensatz zum vorherrschenden Science-
Fiction-Typus des viktorianischen Zeitalters und noch des
mittleren 20. Jahrhunderts die extraterrestrischen Wesen in
der Literatur des 18. Jahrunderts, statt ‚bug-eyed-monsters‘,
so überaus häufig dem Menschen vor allem an Vernunft,
Tugend und Weisheit überlegen sind? Was für ein Licht
wirft das auf die vorherrschende selbstbewußte Vorstellung
der Aufklärer, daß der vernunftbegabte Mensch die Krone
der Schöpfung bzw. – säkularisiert – das höchstentwickelte
Lebewesen sei und seine Welt ‚die beste‘?"[240] Nein, die Vollkommenheit der Welt erschien diesen Aufklärern keineswegs mehr vorgegeben, sondern allererst aufgetragen. Den
von der Besserungsbedürftigkeit des Menschen Überzeugten
und auf seine Besserungsfähigkeit Vertrauenden aber bot die
Vorstellung einer Mehrheit von Welten ein weites Imagina-
tionsfeld: „wie eine große Versuchsstätte, wo die besten
Arten, Mensch zu sein, durchgeprobt und neue entdeckt
werden müßten", konnten sie jetzt in der Tat das Weltall
verstehen.

1793 notierte Lichtenberg im Sudelbuch:

„Schon vor vielen Jahren habe ich gedacht, daß unsere
Welt das Werk eines untergeordneten Wesen sein *könne,*
und noch [immer] kann ich von dem Gedanken nicht zu-
rückkommen. Es ist eine Torheit zu glauben, es *wäre* keine Welt möglich, worin keine Krankheit, kein Schmerz
und kein Tod *wäre.* Denkt man sich ja doch den Himmel
so. Von Prüfungszeit, von allmähliger Ausbildung zu reden, heißt sehr menschlich von Gott denken und ist bloßes
Geschwätz. Warum *sollte* es nicht Stufen von Geistern bis
zu Gott hinauf geben, und unsere Welt das Werk von
einem sein können, der die Sache noch nicht recht verstand, ein *Versuch?* ich meine unser Sonnensystem, oder

unser ganzer Nebelstern, der mit der Milchstraße auf-
hört." [in K 69]

Wenige Jahre zuvor hatte von England her Friedrich Wilhelm Herschel begonnen, in der Tiefe des Weltraums die
Sternhaufen der auflöslichen Nebelflecke auszumachen mit
seinem neuen Spiegelteleskop. 1786 schon hat Lichtenberg
im Taschen Calender ,Etwas von Herrn Herschels neuesten
Entdeckungen' berichtet. Jetzt bringt der Göttinger Experimentalphysiker, der Konjunktivschreiber, das ein in die
,Sollte nicht ?'-Fragen seines Sudelbuchs – der Möglichkeit
nachdenkend, daß der fernste und tiefste Grund, eine außer-
irdische Rechtfertigung, ein überirdischer Auftrag für die
eigenen lebenslangen Versuche im Versuchscharakter des
Universums liegen, aus dem ,konjunktivischen' Zustand der
Schöpfung ergehen möchte. Im Modus jenes „Conjuncitivus
potentialis" (für den hier das Modaladverb steht) hat er ins
Sudelbuch geschrieben:

„*Vielleicht sind* die Nebelsterne, die Herschel gesehen hat,
nichts als *eingelieferte Probestücke,* oder solche, *an denen
noch gearbeitet wird.*"

# FORSCHUNGSBERICHT

Als ‚Georg Christoph Lichtenbergs vermischte Schriften nach dessen Tode aus den hinterlassenen Papieren gesammelt und herausgegeben von Ludwig Christian Lichtenberg und Friedrich Kries‘ in ihren beiden ersten Bänden (Göttingen 1800 und 1801) die ersten Probestücke aus den Sudelbüchern mitteilten, bemerkte *Schleiermacher* in einer Rezension vom 20. Oktober 1801 an diesen Aufzeichnungen des Physikers als „Hauptcharakter seiner Begränzung eine gewisse Unfähigkeit sich zu allgemeinen und großen Ideen zu erheben, nämlich die nicht nur dem scheinbaren Inhalt, sondern auch ihrer wirklichen Kraft nach groß sind. Auch bei seinen Aussichten auf die Zukunft liegen nur Uebertragungen mathematischer Ideen zum Grunde, wie Th. I. S. 144 und 172 [= C 143 u. in E 387], oder sie sind nach einer ganz einfachen arithmetischen Formel konstruirt, wie Th. II. S. 227 und 418 [meint K 143 u. H 128?]. Das tiefste, was sich in dieser Art findet, sind gewisse Hülfsmittel der Erfindung, die er sich gemacht. So z.B. ‚könnte dieses nicht auch falsch sein‘ (Th. I. S. 147 [in C 194]). Man muß immer denken, was ist dies im Großen, was ist jenes im Kleinen, man kann alles vergröbern und verfeinern (Th. II. S. 44 [in H 13]). Das erstere jedoch hat er mehr zu einer mäßigen Skepsis als zu heuristischen Operationen gebraucht, und von den lezteren kommen so wie sie nur aus seinem Wiz entstanden waren, auch nur ein Paar wizige Anwendungen vor. [...] Mit seinem Wissen begiebt er sich eben deshalb eigentlich nur in die Mathematik, die Physik wird ihm, je mehr sich ihm nach seiner Art die idealistische Vorstellungsweise aufdringt, verdächtiger, und er hält sie nur noch des Nuzens wegen fest Th. I. S. 34 [in J 938]." (Aus Schleiermacher's Leben. In Briefen. 4. Bd. Hrsg. von Wilhelm Dilthey. Berlin 1863, S. 561 ff.)

Schleiermachers Einschätzung dieser Befunde beruhte auf offensichtlich korrekturbedürftigen Vorurteilen und greift entschieden zu kurz; als Indiz für ein Unvermögen, „sich zu allgemeinen und großen Ideen zu erheben", kann man Lichtenbergs „Uebertragungen mathematischer Ideen" sicher nicht gelten lassen. Nichtsdestoweniger bleiben die hier wiedergegebenen Sätze bemerkenswert. Auf der Grundlage einer notgedrungen noch sehr unzulänglichen Textkenntnis haben sie zum ersten Mal auf jene strukturellen Analogien zu naturwissenschaftlichen Prinzipien hingewiesen, die für die ‚konjunktivische‘ Denk- und Schreibweise dieses Aufklärers von fundamentaler Bedeutung sind.

In einem Vortrag vom 20. Februar 1939 (Der Forscher G. C. Lichtenberg und seine Aphorismenbücher. Im Jahresbericht d. Schles. Gesellschaft f. vaterl. Cultur 1928–1940. Sammelheft zum 112. Jahresbericht, S. 39 ff.) hat dann *Paul Hahn* die Grundsatzfrage aufgeworfen, „ob nicht das Werk, das Lichtenberg neben seiner Physik geschaffen hat, mit dieser tief innerlich verbunden ist, d. h. ganz einfach der Niederschlag seiner Bemühungen ist, aus dem Gesichtswinkel seiner Wissenschaft, mit den Methoden, die sie zum Erfolg führen, mit der kritischen Behutsamkeit, welche jeder Schritt in ihr erheischt, die ganze Welt zu erkennen? [...] Zeit seines Lebens hat er der Physik seine zentrale Aufmerksamkeit geschenkt und gewiß mehr als die Hälfte seines Daseins forschend und experimentierend im Laboratorium zugebracht. Wie sollte das ohne nachhaltigen Einfluß auf die Wege seines Denkens und die Gestaltung seines Stils bleiben!" (S. 42 f. und 46) Hahn vermutete einen solchen „Einfluß" in Lichtenbergs Bemühung um ein „‚exaktes' Erklärungsverfahren" (S. 49), in der Praxis des „sorgfältigen unvoreingenommenen Betrachtens" (S. 50) und einer „Selbstbeschränkung", welche „sich aller metaphysischen Erklärung enthält und sozusagen nur die Sachverhalte klärt." (S. 53) Im Zusammenhang dieser unspezifischen Bestimmungen wurde er freilich auch auf Lichtenbergs experimentelles Verfahren aufmerksam, für das er ein Beispiel aus den Sudelbüchern anführte: „Der Experimentator", erklärt er da, „greift auf seiner Suche nach einem überzeugenden Experiment zu Mitteln, die dem Laien höchst eigenartig erscheinen. Wenn nun Lichtenberg aufschreibt: Man müßte einmal einen Menschen in einem schwarz verkleideten Zimmer mit schwarzer Decke von schwarz gekleideten Leuten bedienen lassen usw. [vgl. F 325], ist das nicht genau dasselbe, als wenn ein Physiker sich den Einfall notiert: Man sollte den und den Vorgang einmal bei polarisiertem Licht oder in einem starken Magnetfelde ablaufen lassen? Lichtenberg überträgt das ihm vom Fach her vertraute Regisseurverfahren, wirksame Vorbedingungen zu schaffen, um in einem Prozeß gewisse Seiten sichtbarer hervortreten zu lassen, auf einen Versuch in der Menschenkunde, und das zu einer Zeit, da noch niemand an experimentelle Psychologie dachte!" (S. 49 f.) Von dieser einen, eher beiläufigen Beobachtung abgesehen, fallen Hahns Darlegungen hinter Schleiermachers Ansätze wieder zurück. Aber obgleich seine Argumentationen die ihnen aufgebürdete Beweislast keineswegs trugen, hat er als erster doch „die Überzeugung gewonnen, daß der bislang übersehene Angelpunkt in Lichtenbergs Leben und Meinungen in seiner physikalischen Einstellung zu suchen ist, und daß, wer bis dorthin nicht vordringt, in Lichtenbergs Lebenswerk nicht auf den roten Faden stößt, der sein Gedankengut eindeutig kennzeichnet." (S. 40)

Ohne Bezug auf Hahn wurde das 1963 von *Rainer Koehne* wiederholt (Gedanken und Exzerpte zur Bestimmung der philosophiegeschichtlichen Stellung Lichtenbergs. In: Zeugnisse. Theodor W. Adorno zum 60. Geburtstag. Hrsg. von Max Horkheimer. Frankfurt/ M. S. 133 ff.): „In der Tat ist die Sprachmethodik Lichtenbergs mit derjenigen der Experimentalphysik, die den gewöhnlichen Natur- und Wahrnehmungsstrom durch die witzig-künstliche Anordnung ihm entnommener Elemente durchbricht, nicht nur vergleichbar, sondern dieser abgelernt und ihr Hineinragen in den Bereich der Sprache und der Sprachgeschichte." (S. 134) Freilich blieb es bei diesem Aperçu, wurden die Verfahrenstechniken einer solchen „Sprachmethodik" nicht in Betracht gezogen.

Mit einer ähnlichen Bemerkung bedachte 1969 auch *Rudolf Wildbolz* (Über Lichtenbergs Kurzformen. In: Geschichte, Deutung, Kritik. Literaturwiss. Beiträge dargebracht zum 65. Geburtstag Werner Kohlschmidts. Hrsg. von Maria Bindschedler u. Paul Zinsli. Bern 1969) den „auffällige[n] experimentelle[n] Zug in Lichtenbergs Umgang mit Sachen wie Worten. Er war als Physiker zuallererst Experimentator. Er war es auch als Denker und Schriftsteller. So erprobt er die Sprache auf ihre Tragfähigkeit hin und entdeckt, etwa in den Wortkonstellationen, Ansätze zu neuen Sprachrealitäten. Er erprobt gleichzeitig fortlaufend Hypothesen, methodische Ansätze, Perspektiven. Hier stehe ein einziges Beispiel: ‚Man hat vieles über die ersten Menschen gedichtet, es sollte es auch einmal jemand mit den beiden letzten versuchen' [J 697]. Das Gedankenexperiment ist Teil der dauernden Bewegtheit des Werks. In Lichtenbergs System, in seiner ‚Gedanken-Oekonomie' [J 938], überwiegt die Fragwürdigkeit und die ungesicherte Hypothese." (S. 131) Das ist für Wildbolz' Versuch einer Formenanalyse der Sudelbuch-Aufzeichnungen freilich folgenlos geblieben, steht dort isoliert (und mag angeregt worden sein durch die inzwischen veröffentlichten, im folgenden angeführten Arbeiten).

1961 hatte ich im Zusammenhang einer Studie ‚Zum Gebrauch des Konjunktivs bei Robert Musil' (Göttinger Antrittsvorlesung, zuerst im Euphorion 55, S. 196 ff., in überarbeiteter Fassung dann mehrfach nachgedruckt und übersetzt) auf Lichtenberg verwiesen, dessen schriftstellerische „Versuchsanordnungen" von der gleichen „Leidenschaft zum Conjunctivus potentialis" bestimmt seien wie Musils Roman vom ‚Mann ohne Eigenschaften' und diesen Modus der Skepsis, des Experiments, der Utopie als missing link zwischen der „Experimentiergesinnung des Naturwissenschaftlers" und einem über die Naturwissenschaften hinausgreifenden „Möglichkeitsdenken" zu erkennen geben (S. 210 f.). Zwar wurde dieser Hinweis aufgenommen in die Lichtenberg-Literatur. Aber man hat die Sache nicht weiter verfolgt.

*Franz H. Mautner* vermerkte in seiner großen Monographie (Lichtenberg. Geschichte seines Geistes. Berlin 1968) die Affinität dieses Aufklärers zum „Bereich des Möglichen" und sein Verfahren des „‚Experimentierens mit Gedanken' – all dies gespiegelt in seinen vielen potentialen Konjunktiven" (S. 17); notierte über Musil/Lichtenberg: „Kein anderes Paar großer durch weiten zeitlichen Abstand getrennter deutscher Schriftsteller ist einander geistig im tiefsten so sehr verwandt wie diese beiden ins Literarische verschlagenen Physiker und vom Psychologischen bezauberten Philosophen, von ihrer Methode zutiefst überzeugte Experimentatoren auf dem Gebiet des Denkens, bewußt auf der Ausschau von seinen entferntesten Grenzen nach der Welt der theoretisch unbegrenzten ‚Möglichkeiten'." (S. 40)

1973 hat *Heinz Gockel* (Individualisiertes Sprechen. Lichtenbergs Bemerkungen im Zusammenhang von Erkenntnistheorie und Sprachkritik. Berlin/New York) noch einmal anhand des seinerzeit von Hahn verwendeten Beispieltextes F 325 dessen Beobachtung wiederholt: „Die fiktive Situation erscheint als Versuchsanordnung für ein mögliches menschliches Verhalten. Die Ergebnisse des Experiments werden freilich nicht mitgeteilt." (S. 195) Er nutzt die vorgegebene Musil-Parallele (S. 60, Anm. 18: „Ganz ähnlich wird der Konjunktiv von Robert Musil verwendet …"), um „zwei Arten" dieses Konjunktivgebrauchs auch bei Lichtenberg zu bezeichnen: „Einmal gibt es eine Fülle von Bemerkungen, die mit dem Hinweis ‚man könnte …' beginnen [...]. Schon durch die einleitende konjunktivische Wendung wird der Inhalt des Satzes als Möglichkeit vorgestellt. Dabei zeigt sich eine Zurückhaltung im Duktus des Sprechenden, die der Aussage jene Offenheit gibt, in der das Ausgesagte nurmehr als Gedankenexperiment erscheint. Daneben fällt das konkunktivische Sprechen im Konditionalgefüge auf, wenn es etwa heißt: ‚Wenn wir mehr selbst dächten, so würden wir …' [...]. Die vorangestellte Bedingung erweist sich als Hypothese für ein Gedankenexperiment. Damit hat der Irrealis seine rückwärts gerichtete Tendenz aufgegeben. Als Potentialis weist er immer schon ins Künftige als Ermöglichung eines zwar nicht realen, aber immerhin denkbaren Sachverhaltes. Er wird bei Lichtenberg gebraucht unter dem Aspekt der Erschließung von Denkprozessen. Dies gilt um so mehr für Bemerkungen, in denen das Konditionalgefüge nicht ausgeführt und gewissermaßen nur die ‚Hypothese' ausgesprochen ist. ‚Wenn alle Menschen des Nachmittags um 3 Uhr versteinert würden.' Der gegebenen irrealen Bedingung folgt keine Entsprechung. Eine Art Experiment wird vorgestellt, wobei das Bedenken der möglichen Konsequenzen dem Leser überlassen bleibt." (S. 60)

1976 hat *Ralph-Rainer Wuthenow* – in nicht ganz korrekter Weise – die in meinem Musil-Aufsatz enthaltenen und diejenigen Lichtenberg-Befunde der hier vorgelegten Studie, die ich damals vortragsweise mitgeteilt hatte, einbezogen in einen Essay über ,Lichtenbergs Skepsis' (In: Reise und Utopie. Zur Literatur der Spätaufklärung. Hrsg. von Hans Joachim Piechotta. Frankfurt/M. S. 283 ff.): „Die Form dieser [für Lichtenberg bezeichnenden] Vorläufigkeit und Vorsicht ist der Konjunktiv; die Kategorie der Ungewißheit wird in ihm aktualisiert. Dies geschieht bei der Wiedergabe fremder Meinungen, die als solche nicht ungeprüft übernommen werden sollen [...]. Es geschieht weiter bei der zurückhaltenden Fixierung der eigenen Ansicht, wo dann die Aussage einen gewissen Probecharakter erhält oder sogar in die Form des Wunsches gekleidet wird [...]. Die Verwendung des Irrealis dient der versuchsweisen Aufhebung von bedingenden, meist einschränkenden Umständen, die zur Verdeutlichung eines verschleierten Tatbestandes führen soll [...]. Die Form des Potentialis tritt beim Ausprobieren, Antizipieren oder Andeuten von noch zweifelhaften Resultaten ins Gedankenspiel ein [...]. Zuweilen ist sie auch von einem Konditionalsatz gefolgt". (S. 295 f.) Schließlich: „Die Experimente seines Denkens stehen im Konjunktiv; noch die eigene Meinung wird, behutsam genug, in den Modus der Möglichkeit gehoben. So erscheint selbst die Welt noch als Versuch von einem, der die Sache noch nicht recht verstanden haben kann (K 69). Das Gegebene wird als Anlaß zum denkerischen Experimentieren verstanden, zum Erwägen und Überprüfen neuer Möglichkeiten". (S. 297)

1977 dann hat *Manfred Knauff* in seine aus einer Göttinger Magisterarbeit hervorgegangene Publikation über ,Lichtenbergs Sudelbücher. Versuch einer Typologie der Aphorismen' (Edition Rau, Dreieich) mit Bemerkungen über die konjunktivische ,Aussageweise' Lichtenbergs und deren Beziehung auf die Experimentalphysik entsprechende Anregungen aus meinem damit befaßten Hauptseminar des Sommersemesters 1974 aufgenommen (S. 41 ff.).

In der hier angeführten Literatur schien mir keineswegs schon eingelöst, was Schleiermachers tastende Bemerkung über die „Uebertragungen mathematischer Ideen" und über „gewisse Hülfsmittel der Erfindung" an Aufklärung über Lichtenberg verheißen hatte. Noch immer sind so unbelehrte Indikative im Schwange, wie sie das X. Lessing Yearbook 1978 über den Göttinger Ortsheiligen verbreitet hat: Lichtenbergs „Betrachtungen sprengen niemals den Rahmen des gesellschaftlich Vorgegebenen – Lichtenberg ist kein Autor der Utopie noch der Spekulation [...] Freilich bewirkt er auch in seinem Werk, daß das konkret Vorhandene zur Norm erhoben wird" (Dagmar C. G. Lorenz, S. 121).

Diesem Ungenügen entsprang der Versuch, noch einmal die Spur aufzunehmen, auf die ich vor 20 Jahren mit meiner Göttinger Antrittsvorlesung gestoßen war. Eine knappe und vorläufige Vortragsfassung wurde von der Alexander von Humboldt-Stiftung veröffentlicht: ‚Wissenschaftliche Zusammenarbeit und Austausch zwischen Deutschland und Japan. Vorträge einer Tagung ehemaliger Humboldt-Stipendiaten in Japan', Bonn 1979 (S. 43–56). Das Manuskript des hier vorgelegten Buches dann haben Harald Fricke, Anna Fuchs, Ulrich Joost, Günther Patzig und Wolfgang Schmid in Göttingen durchgesehen. Für ihre Ergänzungsvorschläge, Richtigstellungen und Einwände, auf die ich bei der Schlußredaktion in vielen Fällen eingegangen bin, danke ich ihnen herzlich – ebenso Karl Eichwalder, Eric Miller und Ulf-Michael Schneider für ihre hilfreiche Sorgfalt bei Recherchen und Korrekturen.

Er habe von Lichtenberg gelernt, schrieb Schopenhauer 1819 an Blumenbach: „wenn man ein Buch in die Welt schickt", dann sollte das, „wie Göttinger Zwieback, so eingerichtet seyn, daß es sich eine gute Weile halten kann, darf aber doch nicht so trocken seyn." (Arthur Schopenhauer, Gesammelte Briefe. Hrsg. von Arthur Hübscher. Bonn 1978; S. 43). Ich wünschte, was hier aus meinem Backofen kommt, vereinigte diese Qualitäten.

# ANMERKUNGEN

1 Georg Christoph Lichtenberg, Schriften und Briefe. Hrsg. von Wolfgang Promies, München 1968 ff., Bd 3, S. 275. – Von Lichtenbergs Briefen abgesehen, wird, wo möglich, im folgenden nach dieser (unvollständigen) Ausgabe zitiert. Zitate aus den Sudelbüchern (Promies Bd 1 und 2) werden nur durch den Buchstaben des jeweiligen Heftes und die lfd. Nummer nach Promies' Zählung bezeichnet (ausschnittweise zitierte Sudelbuchnotizen kenntlich gemacht durch ein dieser Stellenangabe vorausgesetztes ‚in ...‘). Herausgeberzusätze innerhalb dieser Zitate [ergänzende von Promies oder erläuternde von mir] stehen in eckigen Klammern.

2 Bd I, Leipzig/Winterthur 1775, S. 46.

3 Vgl. Lichtenberg an Schernhagen, 17. 10. 1775. – Aus Lichtenbergs Briefen wird im folgenden, wo möglich, nur mit Datenangabe zitiert nach den Satzvorlagen der neuen kritischen Gesamtausgabe: Georg Christoph Lichtenberg. Briefwechsel. Hrsg. von Ulrich Joost u. Albrecht Schöne (die ab 1983 erscheint).

4 Promies Bd 3, S. 564. – Unter „Niedersachsen" (das im Sommer 1777 „von einer Raserei für Physiognomik befallen wurde") versteht Lichtenberg hier den Reichskreis Niedersachsen: Kurhannover mit dem Herzogtum Holstein und Hamburg. Dort (belehrt mich mein mit einer Monographie über die ‚Physiognomischen Fragmente‘ befaßter Schüler August Ohage) war der Absatz des Lavaterschen Werkes dank der Subskribentenwerbung des Hannoverschen Leibarztes Joh. Georg Zimmermann tatsächlich besonders hoch.

5 Zitiert nach Eduard Haug: Aus dem Lavater'schen Kreise (II. Teil: Joh. Georg Müller als Student in Göttingen und als Vermittler zwischen den Zürichern und Herder). Beilage zum Jahresbericht des Gymnasiums Schaffhausen. Schaffhausen 1897, S. 46. – Den Hinweis auf Müller/Häfeli verdanke ich August Ohage.

6 Ich zitiere nach der 2. Aufl.: Über Physiognomik; wider die Physiognomen. Zu Beförderung der Menschenliebe und Menschenkenntniß. Göttingen 1778. Promies Bd 3, hier S. 272 (u. 268). – Lavater gab im IV. Bd der ‚Physiognomischen Fragmente‘ (1778, S. 9) eine schwache Replik: „Wohl verstanden – wir sprechen nicht davon – ‚was Gott thun könne?‘ – sondern wir fragen: ‚was ist, nach der Kenntniß, die wir von ihm haben, von ihm zu erwarten?‘ Wir fragen – ‚der Urheber aller Ordnung, was thut er?‘

Nicht fragen wir – ‚kann er Neutons Seele nicht in eines Negers Leib versetzen? Eine Engelsseele in einen scheußlichen Körper?‘ – Sondern die physiognomische Frage wäre – ‚kann in einem scheußlichen Körper eine Engelsseele so wirken, wie in einem englischen?‘ – Die Frage ist – ‚hätte Neuton in einem so und so bestimmten Kopfe des Negers seine Lichttheorie erfunden?‘ –“

7  Bd I, S. 51.

8  Lavater, Winckelmann zitierend (Bd IV, S. 278 f.): „Der aufgeworfene schwülstige Mund, welchen die Mohren mit den Affen in ihrem Lande gemein haben, ist ein überflüßiges Gewächs und eine Schwulst, welche die Hitze ihres Climas verursacht [...]. Regelmäßiger aber bildet die Natur, je näher sie nach und nach wie zu ihrem Mittelpunkte gehet, unter einem gemäßigten Himmel. Folglich sind unsre und der Griechen Begriffe von Schönheit, welche von den regelmäßigsten Bildungen genommen sind, richtiger, als welche sich Völker bilden können, die, um mich eines Gedankens eines neuern Dichters zu bedienen, von dem Ebenbilde ihres Schöpfers halb verstellet sind.“ – Lichtenberg berichtete schon am 16. 10. 1775 an Schernhagen, Forster habe auf Neucaledonien „sehr sinnreiche Menschen angetroffen, die aber in den Gesichtern den Affen ähnlicher sind, als irgend ein bekanntes Volck.“ In seiner Streitschrift jetzt spricht er von den „Affengesichtern der Einwohner von Mallicolo [...], deren Redlichkeit und Häßlichkeit gleich merkwürdig und fast unerhört war“, und erklärt: „Ich will nur etwas weniges für den Neger sagen, dessen Profil man recht zum Ideal von Dummheit und Hartnäckigkeit und gleichsam zur Asymptote der Europäischen Dummheits- und Bosheits-Linie ausgestochen hat. Was Wunder? da man Sklaven, Matrosen und Pauker, die Sklaven waren, einem Candidat en belles lettres gegenüberstellt. Wenn sie jung in gute Hände kommen, wo sie geachtet werden, wie Menschen, so werden sie auch Menschen“ (Promies Bd 3, S. 270 u. 273).

9  Promies Bd 3, S. 275.

10  Ebd. S. 266.

11  Ebd. S. 287.

12  Ebd. S. 269. – Zur Geschichte der Vorstellungen von der „Verbesserung des verbesserlichen Geschöpfs“ die grundlegende Studie von John Passmore: The Perfectibility of Man. London [3]1972.

13  Promies Bd 3, S. 264.

14  Ebd. S. 281.

15  Vgl. ebd. S. 271: wenn „Zopyrus [griechischer Physiognom des

5. Jh. v. Chr.] dem Sokrates seine böse Anlage im Gesicht sah, warum sah er denn die stärkere Kraft nicht jene zu verbessern und sein eigner Schöpfer zu werden? Denn wenn die erstere in einem Faunskopf stecken mußte, so verdiente die letztere fürwahr ein Familien-Gesicht des Jupiter." – Alkibiades hatte in seiner Preisrede (Platon, Symposion 215 a–217 a) den Sokrates einen Satyr genannt, dessen Inneres doch – gleich den Silenen-Schreinen der Bildhauer – die vollendet schönen Götterbilder barg.

16 Ebd. S. 275. Vgl. Platon, Charmides 154 d–155 a. Die traditionell dem Sokrates zugeschriebene, insbesondere wohl durch die Apophthegmata des Erasmus (III 70) sprichwörtlich gewordene Wendung folgt freilich nur dem Sinn, nicht dem Wortlaut der Sokrates-Rede bei Platon. Wolfgang Haase in Tübingen verdanke ich einen Hinweis auf die vermutlich älteste wörtliche Zuschreibung bei Apuleius, dem lat. Rhetor des 2. Jahrhunderts n. Chr.: „At non itidem maior meus Socrates, qui cum decorum adolescentem et diutule tacentem conspicatus foret, ,ut te uideam', inquit, ,aliquid et loquere.' scilicet Socrates tacentem hominem non uidebat; etenim arbitrabatur homines non oculorum, sed mentis acie et animi obtutu considerandos." (Florida 2, 1). – Vgl. auch Theaitetos 143 d–146 c, wo die häßlichen Gesichtszüge des Sokrates erwähnt werden und er den (ihm ähnlichen) Theaitetos ins Gespräch zieht, um ihn auf solche Weise ,anzuschauen'.

17 Wider Physiognostik. Promies Bd 3, S. 559.

18 Über Physiognomik. Promies Bd 3, S. 288. Ähnlich F 843.

19 F 802, im Anschluß an den oben zitierten Satz: „Spricht jemand mit dir in der männlichen Prose Mendelssohns oder Feders oder Meiners oder Garves und du stößest auf einen Satz der dir bedenklich scheint, so kannst du ihn allemal glauben bis zu weiterer Untersuchung. Hingegen redet jemand mit dir im Wonneton der Seher, plundert und stolpert Dithyramben daher mit konvulsivischem Bemühen das Unaussprechliche auszusprechen, so glaube ihm kein Wort, wo du es nicht strenge untersucht hast."

20 1780 in seinen Bemerkungen ,Über die Weissagungen des verstorbenen Herrn Superintendenten Ziehen', der seine haltlosen Ankündigungen „mit einem Eide habe erhärten wollen": „Herr Ziehen war ein redlicher Schwärmer, kein Betrüger, wie [der Geisterseher und Hochstapler] Schröpfer, er wollte also nur mit dem Eide erhärten, was ihm jeder, der sein Buch liest, und sich auf Physiognomik des Styls versteht, gern ohne Eid glauben wird, nämlich, daß er Alles selbst glaube, was er da sage" (Vermischte Schriften Bd 5, Göttingen 1844, S. 11).

21 Promies Bd 3, S. 570, 573, 575, 570 und Bd 3/K, S. 277. –
   In ähnliche Richtung gehen Suitbert Ertels sprachstatistisch-psy-
   chologische Untersuchungen, die einen aus der Gebrauchshäufig-
   keit bestimmter Sprachformen berechneten „Dogmatismus-Quo-
   tienten" als Indikator einer persönlichkeitsspezifischen kogniti-
   ven Disposition zum autoritären Denkstil einsetzen (Erkenntnis
   und Dogmatismus. In: Psychologische Rundschau 23, 1972,
   S. 241–269; Überzeugung, Dogmatismus, Wahn. Göttingen
   1976; Liberale und autoritäre Denkstile. In: Die Krise des Libera-
   lismus zwischen den Weltkriegen. Hrsg. von Rudolf v. Thadden.
   Göttingen 1978, S. 234–255).
22 ‚Ueber Schriftstellerei und Stil.' In: Sämtliche Werke. Bd 5. Hrsg.
   von Paul Dessau. München 1913, S. 561.
23 In D 428.
24 Im Manuskript vollständig erhalten: die Sudelbücher B, C, D, E,
   F, J. Teile von A (Hefte aus dem Zeitraum eines nicht verbürgten
   Sudelbuches) gerieten vielleicht schon zu Lichtenbergs Lebzeiten
   in Verlust. G und H sind im 19. Jahrhundert verschollen, ebenso
   Teile von K. In L fehlen Teile der physikalischen Bemerkungen.
   Eine von den Herausgebern thematisch geordnete Auswahl aus
   den Sudelbüchern erschien 1800–1801 und 1806 in Bd 1–2 und 9
   der von Ludw. Christian Lichtenberg u. Friedrich Kries herausgegebenen ‚Vermischten Schriften' und 1844 im Bd 1–3 von deren
   ‚Neuer vermehrter, von den Söhnen veranstalteter Original-Aus-
   gabe'.
   1896 entdeckte Albert Leitzmann die oben angeführten Manu-
   skripte im Bremer Haus der Lichtenbergschen Enkel und legte sie
   zu Beginn des Jahrhunderts in der ersten großen Ausgabe der
   Sudelbücher vor (Fünf Hefte, Berlin 1902–1908 = Dtsche Litte-
   raturdenkmale d. 18. u. 19. Jhds, Nr 123, 131, 136, 140, 141).
   Die mathematisch-naturwissenschaftlichen Notizen von A hat
   Leitzmann freilich nicht in den Textteil seiner Ausgabe aufgenommen, sondern lediglich im Anmerkungsapparat erwähnt, gelegentlich dort auch zitiert; von den umfangreichen naturwissenschaftlichen Passagen in J und L teilte er nur eine Auswahl mit.
   Dem hat erst Wolfgang Promies mit seiner heute maßgeblichen
   und hier benutzten Ausgabe abgeholfen (Lichtenberg. Schriften
   und Briefe). Ihr 1. Bd (München 1968) enthält, geringfügig er-
   gänzt, die Sudelbücher A bis L auf der Grundlage der Leitzmann-
   schen Edition. Ihr 2. Bd (München 1971) veröffentlicht u. a. die
   in Leitzmanns Text nicht aufgenommenen naturwissenschaftlichen Notizen oder Partien aus A, J, L und rekonstruiert, soweit

möglich, anhand des Druckes in den beiden Auflagen der ‚Vermischten Schriften' (s. o.) die bei Leitzmann fehlenden Texte der verschollenen Hefte G und H sowie die verlorengegangenen Seiten von K und L.

25 Diese von Jochen Muhl vorgenommene Zählung berichtigt die entschieden fehlerhafte Angabe von Manfred Knauff (Lichtenbergs Sudelbücher. Versuch einer Typologie der Aphorismen. Dreieich 1977, S. 43): „Nahezu ein Fünftel der Sudelbücher ist in konjunktivischer Aussageweise abgefaßt."

26 Abweichend vom Originaltext werden (auch im folgenden) diejenigen Verben, deren Modus zur Rede steht, durch Kursivdruck hervorgehoben. Gleiches gilt ggf. für andere grammatisch-syntaktische oder lexikalische Mittel ‚konjunktivischer' Darstellung.

27 Siegfried Jäger: Der Konjunktiv in der deutschen Sprache der Gegenwart. Untersuchungen an ausgewählten Texten. München/Düsseldorf 1971.

28 Vgl. Jäger (wie Anm. 27), S. 19 f. u. 28 f.

29 Gunhild Engström-Persson: Zum Konjunktiv im Deutschen um 1800 (Acta Universitatis Upsaliensis 22). Uppsala 1979.

30 Vgl. Engström-Persson (wie Anm. 29), S. 135.

31 Eine 30seitige Stichprobenzählung anhand der Promies-Ausgabe ergab, daß Lichtenberg im Seitendurchschnitt 34,85 finite Verbformen verwendet. Um auf rechnerisch 82 500 Finita zu kommen (wie Jäger und Engström-Persson), hätten danach in den Sudelbüchern 2367 Seiten ausgezählt werden müssen. Es erschien aber eine Beschränkung auf 20% dieser Seitenzahl, also auf 473 Seiten vertretbar, zumal damit bereits die knappe Hälfte der (im nachstehend angegebenen Sinn) günstigstenfalls auszählbaren Sudelbuchseiten erfaßt ist. Es wurden die Konjunktivverwendungen auf allen ungraden Seiten des 1. Promies-Bandes der Sudelbücher gezählt (abgesehen von den unvollständig bedruckten und von solchen mit Zeichnungen, Gedichten, Bücherlisten etc.), sowie die an 473 noch fehlenden ungraden Seiten des 2. Promies-Bandes der Sudelbücher mit gemischtem, also nicht ausschließlich naturwissenschaftlichem Inhalt. Dabei folgte die Rubrizierung der verschiedenen Konjunktivmorpheme und ihrer syntaktischen Einbindung der Vergleichbarkeit wegen notgedrungen den von Engström-Persson vorgegebenen Kategorien. – Die Zählung dieser Hirsekörner haben Karl Eichwalder und Eric Miller auf sich genommen.

32 ‚Prolegomena' zur Physik-Vorlesung. – Vgl. im folgenden S. 33 u. Anm. 50.

33 Johann Christoph Adelungs Deutsche Sprachlehre. Zum Gebrauche der Schulen in den Kgl. Preuß. Landen. Berlin 1781, S. 396.

34 Vgl. Siegfried Jäger (Gebrauch und Leistungen des Konjunktivs in der deutschen geschriebenen Hochsprache der Gegenwart. In: Deutsche Gegenwartssprache. Hrsg. von Peter Braun, München 1979, S. 297): Da „die Konjunktivformen den Indikativformen temporal durchaus nicht immer entsprechen", habe man „übersehen, daß auch der Konjunktiv ein durchaus gut ausgebautes Tempussystem bildet, das dem indikativischen in der Möglichkeit, realzeitliche Verhältnisse und Bestimmungen auszudrücken, nur ganz unwesentlich nachsteht."

35 Vgl. Jäger (wie Anm. 34), S. 297f.

36 Vgl. Wolfgang Rothe: Strukturen des Konjunktivs im Französischen (Beihefte zur Zeitschrift für Romanische Philologie, Heft 112). Tübingen 1967, S. 29, 119ff., 130ff., 146ff. und Karl-Heinz Bausch: Modalität und Konjunktivgebrauch in der gesprochenen deutschen Standardsprache. Teil I, München 1979, S. 98ff.

37 Vgl. Jäger (wie Anm. 27), S. 89.

38 Vgl. beispielsweise Manes Kartagener: Zur Struktur der hebräischen Sprache. In: Studium Generale 15/1, 1962, insbes. S. 39.

39 Beispiele bei Bausch (wie Anm. 36), S. 102ff. – Dazu gehört auch, was ich vor 20 Jahren selber geschrieben habe und heute jedenfalls differenzierter formulieren würde: „Wenn im Sprachgebrauch geistige Haltungen sich bezeugen, die zwar an der Sprache ablesbar sind, das sprachliche Verhalten aber übergreifen, so müßte auch der Schwund des Konjunktivs auf tiefere Veränderungen deuten, auf ein Zurücktreten jener Möglichkeiten menschlichen Verhaltens zur Welt, die in eben diesem Modus beschlossen liegen." (Zum Gebrauch des Konjunktivs bei Robert Musil. In: Euphorion 55, 1961, S. 196)

40 Vgl. beispielsweise Sigurd Wichter: Probleme des Modusbegriffs im Deutschen. Tübingen 1978, passim.

41 Vgl. Aristoteles, Nikomachische Ethik, 1094b 11–14, 23–27, 1098a 26–28.

42 Manfred Bierwisch: Grammatik des deutschen Verbs (Studia Grammatica II). Berlin (Ost) [6]1970, S. 159.

43 Wie Anm. 36, S. 14, 214 und 215.

44 Um das zu konkretisieren, verweise ich auf meinen ‚Versuch über Goethesche Humanität oder Zum Gebrauch des Konjunktivs Plusquamperfekt in einem Brief an Johann Friedrich Krafft.' In: Herkommen und Erneuerung. Essays für Oskar Seidlin. Hrsg.

von Gerald Gillespie und Edgar Lohner. Tübingen 1976, S. 103–126.

45 Reflections on Language. New York 1975, p. 4.

46 Ueber die neuere Deutsche Litteratur. Fragmente, I 3 (Suphan Bd 2, S. 19).

47 C 123.

48 Im Göttinger Taschen Calender 1779, S. 75, unter der Rubrik ‚Einige gemeine Irrthümer'.

49 Vgl. beispielsweise Jean Fourquet: Grammaire de l'Allemand (1952). Paris [4]1963, S. 191; Wladimir Admoni: Der deutsche Sprachbau (1966). München [3]1970, S. 195 f.; Walter Flämig: Zum Konjunktiv in der deutschen Sprache der Gegenwart (1959). Berlin (Ost) [2]1962, S. 55–63; Johannes Erben: Deutsche Grammatik. Ein Leitfaden. Frankfurt/M. u. Hamburg 1968, S. 62–70; Hans Glinz: Deutsche Grammatik I. Frankfurt/M. 1970, S. 115. So grundsätzlich auch Karl Kraus (Werke. Hrsg. von Heinrich Fischer. Bd 2, München [2]1954, S. 127 f. – Zuerst in der ‚Fackel', Febr. 1927).

50 Unveröffentlichtes Vorlesungs-Manuskript. Staats- u. Univ.bibliothek Göttingen, Nachlaß Lichtenberg VII A 5, Blatt [20][v].

51 Vgl. dazu beispielsweise Jäger (wie Anm. 27), S. 264, oder Gerhard Kaufmann: Die indirekte Rede und mit ihr konkurrierende Formen der Redeerwähnung. München 1976, S. 20 ff.

52 In der Tat hat Jäger (wie Anm. 27) S. 170 einen solchen aus der Ersatzregel resultierenden Zwangsmechanismus unterstellt. – Vgl. dazu Bausch (wie Anm. 36), S. 37 f.

53 So etwa Kaufmann (wie Anm. 51), S. 54 f.

54 Vgl. Bausch (wie Anm. 36), S. 71 ff. Außer den dort angeführten Autoren beispielsweise auch J.J.A.A. Frantzen: Über den Gebrauch des Konjunktivs im Deutschen. Groningen 1920, S. 45, 57; Karl Boost: Die mittelbare Feststellungsweise. Eine Studie über den Konjunktiv. In: Zeitschrift f. Deutschkunde 1940, S. 290; Bierwisch (wie Anm. 42), S. 180 f., Anm. 77.

55 In: Zeitschrift f. Phonetik, Sprachwissenschaft u. Kommunikationsforschung 25, Berlin (Ost) 1972, S. 366 ff.

56 Ebd. S. 391.

57 Ebd. S. 386.

58 Ebd. S. 375.

59 Ebd. S. 388.

60 Ebd. S. 390.

61 Ebd. S. 381.

62 1: „annähernd 200 Sätze mit vermittelter Äußerung" (S. 390). 2:

„14 Kleintexte mit vermittelnden Äußerungen" (S. 386). 3: „200 Sätze mit vermittelter Äußerung" (S. 374).

63  1: Konj. I = 76% / Konj. II = 24,0% (S. 390). – 2: Konj. I = 85,4% / Konj. II („nicht nur" in „Ersatzfunktionen") = 14,6% (S. 386). – 3: Konj. I = 89,0% / Konj. II. (außer 2 unklaren Fällen nur „Ersatzformen für den Konjunktiv I") = 11,0% (S. 374).

64  Der Konjunktiv I (Präs.) wird verwendet, „wenn man den Inhalt seiner Rede, oder der Rede eines andern anführet, so fern man dabey gleichfalls die Wahrheit unentschieden lässet, die Anführung mag übrigens mit *daß* oder ohne dasselbe geschehen: ,ihr habt ja immer gesagt, daß er ein vernünftiger Mann sey'" (wie Anm. 33, S. 447). – Vgl. auch Engström-Persson über den Modusgebrauch in Texten um 1800 (wie Anm. 29, S. 51: „Der Konj. I ist das häufigste Signal dafür, daß der Sprecher keine Gewähr für die Richtigkeit seiner Aussage übernimmt.").

65  ,Schreiben des Herrn Leib Medicus Z** in H. an einen seiner Freunde: die Unterredung mit Sr. Majestät dem König in Preussen während seines Auffenthaltes in Berlin betreffend.' Zuerst im Giessener Wochenblatt (9.–12. 1. 1773). Dann separat erschienen und mehrfach nachgedruckt. Zitiert hier nach der Ausgabe Amsterdam 1773 (S. 3 f.).

66  D 351: „Er hat das nihil scire (den akademischen Zweifel) gut begriffen."

67  Die Datierung von K 292 auf 1796 folgt der (noch nicht begründeten) chronolog. Abfolge bei Promies Bd 2, S. 450.

68  In J 1331.

69  Vgl. J 971.

70  Kant's gesammelte Schrifften. Akademie-Ausgabe. 1. Abt. Bd 8, Berlin/Leipzig 1923, S. 33.

71  Unveröffentlichtes Vorlesungsmanuskript (datiert: 26. Aug. 1794). Staats- u. Univ.bibliothek Göttingen, Nachlaß Lichtenberg VII B 2, S. III.

72  In K 283.

73  Georg Christoph Lichtenberg's physikalische und mathematische Schriften. Hrsg. von Ludwig Christian Lichtenberg und Friedrich Kries. Bd 4, Göttingen 1806, S. 131.

74  Unveröffentlichtes Vorlesungs-Manuskript. Wie Anm. 50, hier Blatt 20$^r$–[20]$^v$.

75  Wie Anm. 50, Blatt [19]$^v$.

76  Geht man von der Frage aus, inwieweit für literaturwissenschaftliche Untersuchungen der Sudelbücher (auch) die mathematisch-

physikalischen Notizen herangezogen wurden, gilt das oben Festgestellte nahezu ausnahmslos. Sehr bezeichnend dafür die Untersuchungen von Rudolf Wildbolz (Über Lichtenbergs Kurzformen. In: Geschichte, Deutung, Kritik. Literaturwiss. Beiträge dargebracht zum 65. Geburtstag Werner Kohlschmidts. Hrsg. von Maria Bindschedler u. Paul Zinsli. Bern 1969). Jede „verkürzte Ausgabe" der Sudelbücher bewertet er eingangs als „Zerstörung des Ganzen" (S. 112). Nach seiner Analyse der Notizen J 1285–1346 aber, an denen er den Zusammenhang einer solchen Textreihe auf exemplarische Weise darstellen möchte, erklärt er am Ende buchstäblich: „Die hier skizzierte Aufzeichnungsfolge gibt (auch wenn rein naturwissenschaftliche Zwischenstücke ausgelassen sind [von ihm selber nämlich]) ein Grundmuster Lichtenbergischer Denk- und Schreibbewegung"! (S. 129)

77 Vgl. oben S. 15 und Anm. 25.

78 Dazu Dieter B. Herrmann: Georg Christoph Lichtenberg als Herausgeber von Erxlebens Werk ‚Anfangsgründe der Naturlehre'. In: Schriftenreihe f. Geschichte d. Naturwissenschaften, Technik u. Medizin, Jg. 6, 1969, Heft 1, S. 68 ff. und Heft 2, S. 1 ff.

79 Vgl. dazu etwa Yuzo Takahashi: Über Lichtenbergsche Figuren bei Kryo-Temperaturen. In: Scientia Electria, Vol. 23, Basel 1977, S. 66 ff., und: Two hundred years of Lichtenberg figures. In: Journal of Electrostatics 6, Amsterdam 1979, S. 1 ff.

80 Göttinger Taschen Calender 1785, S. 83, in Lichtenbergs Artikel ‚Ueber das Fortrücken unseres Sonnensystems': „welche große Unternehmungen *könnten* nicht auf dem Deckel einer Tabacksdose gewagt werden, von denen wir nichts wissen, und die an Kühnheit die Unternehmung französischer Aeronauten bey weitem übertreffen!"

81 Vgl. P[aul] Hahn: Lichtenberg und die Experimentalphysik. In: Zeitschrift f. physikalischen u. chemischen Unterricht 56, 1943, S. 8 ff.

82 Während bei s'Gravesande in Leiden, der 1720 sein berühmtes Lehrbuch ‚Physices Elementa mathematica experimentis confirmata sive Introductio ad Philosophiam Newtonianam' vorgelegt hatte, die nach Newtons Prinzipien mathematisierten Disziplinen (Mechanik, Optik) noch im Vordergrund standen, treten bei Lichtenberg, wie schon bei seinem Universitätskollegen und Vorgänger Erxleben, stärker die damals noch nicht mathematisch behandelten Bereiche hervor (Elektrizität, Magnetismus, Wärmelehre).

83 Wie Anm. 50, Blatt [1] f. u. 4.

84 In der Handschrift verbessert aus „vor einigen Jahren". – Jahres-
   angaben Blatt [4] und Randnotizen dort machen deutlich, daß er
   den folgenden Text im Sommer 1785 aufschrieb, und nennen als
   letzte der Wiederholungen die im Sommer 1788.

85 Erinnerungen aus Lichtenbergs Vorlesungen über Erxlebens Anfangsgründe der Naturlehre. Bd 1, Wien/Triest 1808, S. 12
   (Anmerkung).

86 Vgl. Hahn (wie Anm. 81), S. 9.

87 F 879.

88 Zuerst (gleichlautend) 1726. Hier: Leipzig [4]1775, Sp. 1176f.

89 Vorrede zur 2. Auflage der ‚Kritik der reinen Vernunft'. Gesammelte Schriften. Akademie-Ausgabe. 1. Abt. Bd 3, Berlin 1911,
   S. 10.

90 ‚Undatierbare und verstreute Bemerkungen'. Promies Bd 2, S. 564
   (80).

91 Principles of Speedwritting. Princeton, NJ (Bobbs-Merill) 1978,
   S. VIII.

92 ‚If you can read this ad(vertisement), you can get a good job'!

93 Handbuch der plastischen Chirurgie. Hrsg. von Erwin Gehr-
   brandt, Joachim Gabka, Alfred Berndorfer. Bd II, 3. Berlin/New
   York 1973, 46/S. 47f. u. 45/S. 34.

94 In ähnliche Richtung geht ein Passus in Lichtenbergs ‚Rede der
   Ziffer 8 am Jüngsten Tage des 1798ten Jahres' (Promies Bd 3,
   hier S. 463), der vom waffentechnischen und kriegsgeschichtli-
   chen Fortschritt freilich schon im 19. Jahrhundert erwartete, was
   doch im 20. erst sich verwirklicht: ein Zeitalter, „worin *vermutlich* die Luftschlachten der Völker sich zu den Land- und See-
   schlachten wie 580 zu 1 verhalten werden, so daß die Zeitungs-
   schreiber, von Paris bis Hamburg, sie mit hundertfüßigen [ca.
   300 m langen] Teleskopen aus dem Comtoir selbst bevisieren,
   bephantasieren und als Augenzeugen beschreiben können; und
   worin man die hoch vorüber sausenden Helden und ihre Sänger
   wie Raubvögel und Lerchen aus der Luft schießen wird."

95 J 1849.

96 Book V, chapter 43 / Book VI, chapter 2. – Laurence Sterne: The
   Life and Opinions of Tristram Shandy, Gentleman. Hrsg. von
   George Saintsbury. London 1894, S. 210f. u. 213.

97 Philosophiae Naturalis Principia Mathematica. In: Isaaci Newto-
   ni Opera. Ed. Samuel Horsley. Tom. III, London 1782, S. 174.

98 Dazu J. Bernard Cohen: Franklin and Newton. An inquiry into
   speculative Newtonian experimental science and Franklin's work
   in electricity as an example thereof. Philadelphia 1956, S. 128 ff.

99 Dazu H. Korch (u.a.): Die wissenschaftliche Hypothese. Berlin
(Ost) 1972, S. 41 f. u. 43 f. und Panajotis Kondylis: Die Aufklärung im Rahmen des neuzeitlichen Rationalismus. Stuttgart
1981, S. 226 ff. (‚Der Sinn des Kampfes gegen die Hypothesen‘).

100 Vgl. Newtons Regulae Philosophandi, IV: „In Philosophia experimentali, Propositiones ex phaenomenis per inductionem collec-
tae, non obstantibus contrariis hypothesibus, pro veris aut accu-
rate, aut quamproxime, haberi debent, donec alia occurrerint
Phaenomena, per quae aut accuratiores reddantum, aut exceptio-
nibus obnoxiae. Hoc fieri debet, ne argumentum inductionis tol-
latur per hypotheses.“ (Wie Anm. 97, S. 4)

101 Selbst Lichtenbergs Kollege Erxleben meinte, sich in der Vorrede
seiner ‚Anfangsgründe der Naturlehre‘ gegen den gängigen Vor-
wurf noch verwahren zu sollen mit der (durchaus treffenden)
Erklärung: „Doch mich selbst wird man, wie ich glaube, nicht
mit Recht eines zu grossen Hanges zu Hypothesen beschuldigen
können, da ich lieber eine Erscheinung gar nicht, als vielleicht
unrichtig erklären mag.“ (Göttingen/Gotha 1772, Bl. * 6ʳ.)

102 Wie Anm. 71, S. I u. III.

103 Dem entspricht Lichtenbergs Kritik an G. F. Werners Äther-
Theorie, wo er erklärt, Newton bleibe „bey dem Quid stehen,
von dem Quomodo sagt er: Hypotheses non fingo. Ich will nicht
untersuchen, was Sie [Werner] für ein Recht haben, so außerordentlich entscheidend zu reden in einer so ungewissen Sache. Ich
glaube aber es rührt daher, daß Ihnen noch nie recht gründlich
widersprochen worden ist, oder daß Ihnen die Gründe der Geg-
ner nicht ganz in aller ihrer Stärke bekant geworden sind.“ (Brief
an Georg Friedrich Werner, 29. 11. 1778).

104 Lichtenbergsche Anmerkung zu Erxleben: ‚Anfangsgründe der
Naturlehre‘, Göttingen ⁶1794, S. 87.

105 Erinnerungen aus Lichtenbergs Vorlesungen über Erxlebens Anfangsgründe der Naturlehre. Von Gottlieb Gamauf. Bd 1, Wien/
Triest 1808, S. 35 f.

106 Programmatische Bemerkungen dazu dort S. 2.

107 Göttinger Taschen Calender 1785, S. 101 ff. – Ähnlich endet die
deutsche Fassung der zweiten Abhandlung über die ‚Lichtenbergischen Figuren‘. An die Beobachtung ihrer Ähnlichkeit mit
Nordlichterscheinungen wird hier eine Vermutung über die Elektrizität der „ganzen Erdkugel mit sammt der Atmosphäre“ ge-
knüpft: „Ferner finden wir bey uns die Luftelektricität bey hei-
term Himmel immer positiv; *vielleicht* ist sie in der südlichen
Halbkugel negativ. *Fände* sich das wirklich, so *würde* diese Theo-

rie dadurch keinen geringen Zuwachs an Wahrscheinlichkeit erlangen. Doch es sey genug mit diesem Hypothesenspiel!" (Ver-. mischte Schriften. Hrsg. von Ludw. Christian Lichtenberg u. Friedrich Kries. Bd 9, Göttingen 1806, S. 122 u. 126).

108 Zu diesem „Konflikt von Geist und Gefühl, von Ratio und Instinkt, von Beobachtung und Phantasie, von geschlossenem System und experimenteller Hypothese" bei Lichtenberg ausführlich Gerhard Neumann: Ideenparadiese. Untersuchungen zur Aphoristik von Lichtenberg, Novalis, Friedrich Schlegel und Goethe. München 1976, S. 171 u. ö.

109 Œuvres Complètes de Diderot. Par J. Assézat. Tom. 2, Paris 1875, S. 349.

110 Wie Anm. 50, Blatt [22]ʳ. Im Manuskript gestrichen.

111 Vgl. Karl R. Popper: Logik der Forschung. Wien 1935 u. ö.

112 J 1621.

113 Zu Lichtenbergs ‚scientific aphorism' in der Nachfolge Bacons und Newtons und seinem ‚aphoristic experiment' vgl. J. P. Stern: Lichtenberg. A Doctrine of Scattered Occasions. Reconstructed from his Aphorisms and Reflections. Bloomington 1959, S. 75–126.

114 Novum Organum Scientiarum (Aphorismi de interpretatione Naturae, & regno Hominis, Lib. I, CXXVII). In: The Works of Francis Bacon. Vol. I, London 1740, S. 310 f. – Die Übersetzung folgt (stellenweise berichtigt): Francis Bacon, Das Neue Organon. Hrsg. von Manfred Buhr. Berlin 1962, S. 132 f.

115 Zitiert in: Georg Christoph Lichtenbergs Aphorismen. Hrsg. von Albert Leitzmann. 2. Heft, Berlin 1904, S. 314.

116 De Affinitate Colorum. Commentatio. In: Tobiae Mayeri Opera Inedita. Vol. I, Göttingen 1775, S. 31 ff. (von Lichtenberg herausgegeben). – Vgl. dazu Eric G. Forbes: Tobias Mayer (1723–62). Pioneer of enlightened science in Germany. Göttingen 1980, S. 213 ff. und Heinwig Lang: Tobias Mayers Abhandlung über die Verwandschaft der Farben 1758. in: Die Farbe 28, 1980, Nr. 1/2, S. 1–34.

117 1758, Bd 2, S. 1387.

118 Für eine Verwendung der „Erfindungsregel durch Paradigmata" [K 314] in umgekehrter Richtung vgl. Lichtenbergs ‚Vorschlag zu einem Orbis Pictus' (Promies Bd 3, S. 380) und ‚Geologische Phantasien' (ebd. S. 113): „Milton war einer der gelehrtesten und tätigsten Männer seiner Zeit. Aus seinem verlornen Paradies hätte Newton Ideen schöpfen können, wenn er sie nicht gar daraus geschöpft hat." – „So sah Milton die allgemeine Schwere, und

England hat seine viele *wieder gefundenen* Paradiese größtenteils des großen Dichters *verlornem* zu danken." (Gemeint ‚Paradise Lost' II 1051 f., wo der Satan auf seinem Flug durch den Weltraum die Erdkugel am Ende einer goldenen Kette hängen sieht?).

119 Promies Bd 3, S. 113.

120 KA 329.

121 Dazu (auf der Grundlage neuerer, geklärter Ansichten über die logische Natur der hypothetischen Sätze) Günther Patzig: Ethik ohne Metaphysik. Göttingen 1971, S. 103–110.

122 So, übereinstimmend, auch Walter Flämig: Zum Konjunktiv in der deutschen Sprache der Gegenwart. Berlin ²1962, S. 10 ff.; Jäger (wie Anm. 27), S. 208 ff.; Gerhard Kaufmann: Das konjunktivische Bedingungsgefüge im heutigen Deutsch (Institut f. Deutsche Sprache, Forschungsberichte Bd 12). Mannheim 1972, S. 18 f.

123 Hier entsprechen einander die formal-syntaktische Funktion des Konjunktiv II-Morphems (als obligatorisches Abhängigkeitszeichen) und seine semantische (als fakultatives Signal für die Realitätseinschätzung), ist also keineswegs, wie Bausch (wie Anm. 36, S. 78) generalisierend behauptet, „im Bereich des Konditionalsatzes ein ähnlicher Widerspruch zu beobachten wie bei der indirekten Rede" (vgl. oben S. 25 u. 33 f.).

124 Wie Anm. 29, S. 74.

125 Vgl. oben S. 10 u. Anm. 12.

126 Vgl. Siegfried Jäger (wie Anm. 27), S. 200 ff. und Gerhard Kaufmann (wie Anm. 122), S. 65 ff.

127 Zu den Bestimmungen des ‚Bewußtseins' durch dieses materielle ‚Sein' vgl. B 136, B 137, D 602.

128 Vgl. Heinrich Lausberg: Elemente der literarischen Rhetorik. München 1963, S. 70 (§ 198, 3 b).

129 Hermann Diels/Walther Kranz: Die Fragmente der Vorsokratiker. Bd 1, Berlin ⁶1951, S. 132 f., 138, 152. – Das Xenophanes-Fragment 15 hat Ernst Heitsch ausdrücklich als „Gedankenexperiment" bezeichnet (Rhein. Museum f. Philologie 1966, S. 221).

130 Brief vom 30. 6. 1782.

131 Notizen zur Physik-Vorlesung (wie Anm. 50), Blatt 17ʳ (im Manuskript gestrichen).

132 Wie Anm. 114, S. 297 f. (Übersetzung S. 101).

133 Dazu wichtige Beobachtungen und Überlegungen bei J. P. Stern (wie Anm. 113), S. 112 ff., und bei Franz H. Mautner: Lichtenberg. Geschichte seines Geistes. Berlin 1968, insbes. S. 8 u. 113 f.

134 Goldpapierheft 86. – Promies Bd 2, S. 225.

135 Diese Vergrößerungs- und Verkleinerungsanweisungen hat Gerhard Neumann (wie Anm. 108, insbes. S. 116 ff.) in einem großen Systematisierungsversuch als dialektische „Umkehrung" bestimmt und auf einen für Lichtenbergs Aphoristik und ihre Erkenntnisbemühung grundlegenden „Konflikt konkurrierender Ordnungsformen" (S. 243) zurückgeführt: Ihr „Oszillieren zwischen ‚mikroskopischem' und ‚makroskopischem' Denkverfahren" (S. 121) enthülle „einen rationalen und einen arationalen Aspekt des in Betracht kommenden Gegenstandes" (S. 119) und erweise die wechselseitig relativierende Korrektur dieser Extrempositionen als Bedingung für die Möglichkeit von Erkenntnis. – Die „Umkehrung", um die Lichtenberg sich müht, scheint mir zutreffender als eine vergrößernd wie verkleinernd erfinderische Abkehr vom Gewohnten, als erkenntnisfördernde Verfremdung bestimmt. Selbst seine „sonderbare Figur" eines Menschen, „dessen eines Auge ein Perspektiv das andere ein Mikroskop wäre [. . .]" in B 54, auf die Neumann sich beruft, hat ihren Sinn wohl nicht darin, daß ein alternierendes „Gegen- und Miteinander zweier verschiedener Perspektiven des Erkennens" als „Widerspiel kontrastierender Ordnungssysteme zur Bedingung erweiterter Erkenntnisse wird" (S. 127), sondern darin vielmehr, daß sie eine Versuchsbedingung allegorisiert, welche, auf Entdeckung zielend, die blinde Gewohnheit des Beobachtens in j e d e r Hinsicht überwände.

136 Promies Bd 3, S. 108 ff. – Abgefaßt im Sommer 1793.

137 Maximen und Reflexionen 419 (Hamburger Ausgabe Bd 12, S. 422).

138 J 972.

139 Ignaz von Born (Joannis Physiophili Specimen Monachologiae Metodo Linneana. Wien 1783) hatte unter Verwendung zoologischer Terminologie freilich die großen Mönchsorden so beschrieben, als handele es sich jeweils um eine bestimmte Spezies von Insekten. Die bei Lichtenberg ohne Zweifel gemeinte, weit heiklere Gleichung des ‚infamen Insekts' mit dem monarchischen Despotismus sollte durch den Hinweis auf die Mönchssatire offensichtlich kaschiert werden – nach Maßregel einer Vorsicht, die er auch in seinen Sudelbüchern häufiger für angebracht hielt.

140 Über die couragierte Stellungnahme der Göttinger Akademie zum Verlangen der Hannoverschen Regierung, sie möge Forster aus ihrer Mitgliederliste streichen (das Zirkularmissiv vom 27. 4. 1793, in dem Heyne erklärte, er halte einen solchen Ausschluß für „unter aller Würde der Societät", enthält unter den ihm bei-

pflichtenden Voten die Eintragung: „Ich ebenfalls GCLichten-
berg") vgl. Ulrich Joost: Die Republica litteraria, der gelehrte
Zunftzwang und ein Beispiel wahrer Liberalität (in: Göttinger
Jahrbuch 1979, S. 159 ff.).

141 Johann Stephan Pütter: Selbstbiographie (Göttingen 1798),
S. 838 f.

142 Georg Sartorius: Einladungs-Blätter zu Vorlesungen über die Po-
litik während des Sommers 1793. Göttingen 1793, S. 3, 9 f., 21 f.
– Vgl. dazu Richard Nürnberger: Die Lehre von der Politik an der
Universität Göttingen während der französischen Revolution.
(Nachrichten der Akademie d. Wissenschaften in Göttingen,
Phil.-Hist. Klasse, Jg. 1971, Nr 2.).

143 Vgl. J 380 (Juni/Juli 1790): „Die französische Revolution das
Werk der Philosophie, aber was für ein Sprung von dem cogito,
ergo sum bis zum ersten Erschallen des à la Bastille im Palais
Royal. Der Schall der letzten Posaune für die Bastille."

144 Promies Bd 3, S. 463 f.

145 Dazu Reinhart Koselleck: ‚Erfahrungsraum' und ‚Erwartungsho-
rizont' – zwei historische Kategorien. In: Logik. Ethik. Theorie
der Geisteswissenschaften (Hauptvorträge des XI. Deutschen
Kongresses für Philosophie in Göttingen). Hrsg. von Günther
Patzig u. a. Hamburg 1977, S. 191 ff.

146 Georg Forster, Sämtliche Schriften. Leipzig 1843, Bd 8, S. 249.

147 D 177.

148 Unveröffentlichte Handschrift im Archiv der Akademie d. Wissenschaften in Göttingen. Signatur Scient. 183, 1. Fasz. 4, Nr 2,
S. 14.

149 Vgl. Handwörterbuch des Aberglaubens. Bd 1, Berlin/Leipzig,
1927, Sp. 1423.

150 Promies Bd 3, S. 475.

151 Literaturgeschichtliche Anmerkung: In der Neujahrsnacht von
1809 hätte sich beispielsweise Johann Heinrich Voß dort befunden, mit der vom Kanzler Müller bezeugten Notiz auf dem Rük-
ken, daß er wegen seiner Polemik gegen Goethes ‚Wunderhorn'-
Rezension von Weimar her „auf den Blocksberg" gewünscht
worden sei (Unterhaltungen mit Goethe. Hrsg. von Renate Gru-
mach. München, ²1982, S. 10).

152 Einbezogen in die Erzählung ‚Daß du auf dem Blocksberge
wärst'. Promies Bd 3, S. 471 f.

153 Promies Bd 3, S. 586 (entsprechend S. 603: Kunkel „*hätte* un-
sterblich werden *können, wenn* er noch die vier Gaben *gehabt
hätte,* ein großer Mann zu werden: Modernen Witz, Latein,

Kühnheit und einen Verleger.").  – Zum ‚Kunkel‘ einiges bei Gerhard Sauder: Lichtenbergs ungeschriebene Romane. In: Zeitschr. f. dt. Philologie 98, 1979, S. 181 ff.

154 Vgl. Promies Bd 3/K, S. 284.

155 In F 173.

156 „spes." Druckfehler für ‚sqes.‘ = sequentes.

157 Hamburger Ausgabe Bd 9, S. 269.

158 Wie Anm. 50

159 Zu solchen Erfahrungen hinsichtlich des Göttinger Taschen Calenders vgl. etwa Lichtenbergs briefliche Äußerungen vom 24. 8. 1778 an Hindenburg und an Schernhaben. – Als sich's einmal noch „ändern ließ", schrieb Johann Heinr. Voß: „Lichtenb. höre ich, wird nicht antworten [auf Voß' ‚Ehrenrettung gegen den Herrn Prof. Lichtenberg']. Er hat viele Bücher von der Bibl. zusammengeschleppt und hat schon eine weitläufige Antwort fertig gehabt, sie aber aus der Druckerei zurückgenommen und zerrissen." (Briefe an Goeckingk. Hrsg. von Gerhard Hay. München 1976, S. 126).

160 Staats- u. Univ. bibliothek Göttingen, Nachlaß Lichtenberg IV, 37.

161 Vgl. die Selbstermahnung F 447: „Zweifel muß nichts weiter sein als Wachsamkeit, sonst kann er gefährlich werden."

162 Dazu Helmut Koopmann: Heines verkannte ‚Aphorismen‘ und ‚Fragmente‘. Literarische Fehlurteile und Überlegungen zu deren Revision. In: Heine-Jahrbuch 1981, hier S. 90 f.

163 Elias Canetti: Die Provinz des Menschen. Aufzeichnungen 1942–1972. München 1973, S. 304 (‚Lichtenberg‘).

164 Vgl. Lichtenbergs Begleitbrief vom 12. 10. 1795.

165 Ebd. Bd 3, S. 1028.

166 Ebd. Bd 3, S. 825.

167 Ebd. Bd 3, S. 667, auch S. 794.

168 Aus einem Entwurf zur Vorrede der Satire Lichtenbergs auf die deutsche Literatur (‚Parakletor oder Trostgründe für die Unglücklichen die keine Original-Genies sind‘ – D 526). Nach Ulrich Joost: Verstreute Notizzettel Lichtenbergs (II). In: Photorin. Mitteilungen d. Lichtenberg-Gesellschaft 4, 1981, S. 52.

169 Der Mann ohne Eigenschaften. (Gesammelte Werke Bd I. Hrsg. von Adolf Frisé). Reinbek bei Hamburg 1978, S. 16.

170 Dazu auch J 639: „Seit einigen Tagen (22. April 91) lebe ich unter der Hypothese (denn ich lebe beständig unter einer), daß ...‘"!

171 Sören Kierkegaard: Die Tagebücher. Hrsg. u. übersetzt von Hayo Gerdes. Bd 1, Düsseldorf/Köln 1962, S. 145 (7. Okt. 1837) und S. 143 (13. Sept. 1837).

172 Helmuth Plessner: Der kategorische Konjunktiv. Ein Versuch über die Leidenschaft. In: Die Frage nach der Conditio humana. (Frankfurt/M.) 1976, S. 124.

173 B 386.

174 Vgl. neuerdings: Nicholas Boyle: G. C. Lichtenberg and the French ,moralistes'. (Masch-schriftl.) Diss. Cambridge 1975; Gerhard Neumann (wie Anm. 108); Ralph-Rainer Wuthenow: Lichtenbergs Skepsis. In: Reise und Utopie. Zur Literatur der Spätaufklärung. Hrsg. von Hans Joachim Piechotta. Frankfurt/ M. 1976, S. 283 ff. (Nicht erreichbar Käthe Haar: Der Einfluß Montaignes auf Lichtenberg. Masch.schriftl. Diss. Prag 1926).

175 Wie Anm. 174, Summary [S. 352]. – Von Pascal (nur von ihm freilich) sieht Boyle den Sudelbuchverfasser dadurch unterschieden, daß „Lichtenberg's use of hypothesis, and his interest in the human power of thought, is rooted in the assurances of an experimentalist natural historian" (ebd.) –: „The crucial fact about Lichtenberg's scientific activity, what distinguishes him fundamentally from Pascal, and (if one can say such a thing) what accounts for his failure to make any great invention, is the fact that he was an experimentalist" (S. 252).

176 Œuvres de La Rochefoucauld. Hrsg. von M. D. L. Gilbert (Grands Écrivains de la France). Bd 1, Paris 1868, S. 43, Nr XXXI. – Deutsch: Die französischen Moralisten. Übersetzt u. hrsg. von Fritz Schalk. Neubearbeitete Aufl. Bremen 1962 (Sammlg Dieterich Bd 22), S. 6.
Während der bedingte Satz den conditionnel présent erfordert, muß das den bedingenden Satz einleitende ,si' als adverb modale hier mit dem imparfait de l'indicatif verbunden werden. Als „indice de changement de valeur" bewirkt es eine „métamorphose modale des temps de l'indicatif": die Annäherung hier des „imparfait modal" an die „modalité subjonctive". (Paul Imbs: L'emploi des temps verbaux en français moderne. Paris 1968, S. 98 f. und 195–200).

177 Vgl. Jean Starobinski: Complexité de La Rochefoucauld. In: Preuves 135, 1962, hier S. 39.

178 Wie Anm. 176, S. 184, Nr CDIX (Schalk S. 46).

179 Montesquieu: Œuvres complètes. Hrsg. von Roger Caillois (Bibliothèque de la Pléiade). Bd 1, 1949, S. 1272, Nr 1029. – Deutsch: Schalk (wie Anm. 176), S. 237.

180 Œuvres complètes de Vauvenargues. Hrsg. von Henry Bonnier. Bd 2, Paris 1968, S. 404, Nr 8. – Deutsch: Schalk (wie Anm. 176), S. 80.

181 Hugo Friedrich: Montaigne. Bern 1949, S. 106. – Dazu auch S. 141 ff. und 241 ff.

182 Friedrich (wie Anm. 181), S. 241 f.

183 Friedrich (wie Anm. 181), S. 242, 177, 176 (vgl. auch S. 431).

184 Il Pensiero dell' Abate Galiani. Hrsg. von Fausto Nicolini. Bari 1909, S. 154, Nr 107. – Deutsch: Die französischen Moralisten. Übersetzt u. hrsg. von Fritz Schalk. Neubearbeitete Aufl. Bremen 1963 (Sammlg Dieterich Bd 45), S. 60.

185 Margot Kruse: Die französischen Moralisten des 17. Jahrhunderts. In: Neues Handbuch der Literaturwissenschaft. Hrsg. von Klaus von See. Bd 10, Frankfurt/M. 1972, hier S. 298. – Vgl. auch Jürgen von Stackelberg: Moralistik und Aufklärung in Frankreich. In: Wolfenbütteler Studien zur Aufklärung. Hrsg. von Günter Schulz. Bd 1, Wolfenbüttel 1974. Dort S. 38 f.: „Wenn der Moralist sich überhaupt ‚engagiert‘, so allenfalls in seinem Erkenntniswillen: er will die Menschen durchschauen, nicht sie ändern." Nur insofern die Einsicht ins Bestehende eine Voraussetzung seiner Veränderung abgibt, könnte man die Moralistik als die neben den Naturwissenschaften „wirksamste Wegbereiterin der Aufklärung" bezeichnen.

186 Zitiert wird im folgenden mit Titelangabe der jeweiligen Notizensammlung nach: Novalis Schriften. Hrsg. von Paul Kluckhohn u. Richard Samuel. Bd 3, Stuttgart ²1968. – Hier: ‚Das Allgemeine Brouillon'. S. 426.

187 ‚Technische und Mechanische Bemerckungen'. S. 739.

188 ‚Physikalische Fragmente'. S. 85.

189 ‚Großes physikalisches Studienheft'. S. 68.

190 ‚Geologische Aufzeichnungen'. S. 751.

191 ‚Aufzeichnungen'. S. 575.

192 ‚Aufzeichnungen vorwiegend naturwissenschaftlicher Art'. S. 637.

193 ‚Alexander-von-Humboldt-Studien'. S. 196.

194 ‚Großes Physikalisches Studienheft'. S. 55.

195 ‚Gravitationslehre'. S. 71.

196 ‚Das Allgemeine Brouillon'. S. 443.

197 Die folgenden Zitate dort S. 256, 357, 455, 372, 425, 402, 387, 595, 565, 435.

198 ‚Das Allgemeine Brouillon'. S. 442.

199 ‚Das Allgemeine Brouillon'. S. 468.

200 ‚Aufzeichnungen'. S. 558.

201 Brief vom 24. 2. 1798. In: Novalis Schriften. Hrsg. von Paul Kluckhohn u. Richard Samuel. Bd 4, Stuttgart ²1975, S. 252.

202 ,Das Allgemeine Brouillon'. S. 255.
203 ,Aufzeichnungen vorwiegend naturwissenschaftlicher Art'. S. 597.
204 ,Großes Physikalisches Studienheft'. S. 62.
205 ,Chymische Hefte'. S. 39 f.
206 ,Berliner Papiere' = Notizen zur Fortsetzung des unvollendeten ,Heinrich von Ofterdingen'. S. 672 f.
207 ,Das Allgemeine Brouillon'. S. 354.
208 ,Das Allgemeine Brouillon'. S. 449.
209 ,Aufzeichnungen'. S. 663.
210 Friedrich Wilhelm Joseph Schelling: Fernere Darstellungen aus dem System der Philosophie (1802). In: Schellings Werke. Hrsg. von Manfred Schröter. 1. Erg.-Bd zur Naturphilosophie 1792–1803, S. 522.
211 Lorenz Oken: Lehrbuch der Naturphilosophie. Jena 1809–11, §§ 111, 352, 1174, 2166–67, 2173.
212 C. P. Snow: The two Cultures and the Scientific Revolution. Cambridge 1959 u. ö.
213 Promies Bd 3, S. 312–15.
214 In A 138. – Vgl. oben Seite 13.
215 Gotthold Ephraim Lessings sämtliche Schriften. Hrsg. von Lachmann/Muncker. ³Bd XIII, S. 24.
216 Für Canetti vgl. die ,Lichtenberg'-Aufzeichnung (Anm. 163), für Heißenbüttel seine Rede ,Georg Christoph Lichtenberg – der erste Autor des 20. Jahrhunderts. Von der veränderten Beurteilung in der sich entfaltenden historischen Zeit'. In: Aufklärung über Lichtenberg. Göttingen 1974, S. 76 ff.
217 Wie Anm. 163, S. 9.
218 Das Ende der Alternative. Einfache Geschichten. Projekt 3/3. Stuttgart 1980, S. 110–119.
219 Wie Anm. 169, S. 671, 686, 676, 686, 761.
220 Robert Musil: Prosa und Stücke. Kleine Prosa, Aphorismen. Autobiographisches. Essays und Reden. Kritik (Gesammelte Werke Bd II. Hrsg. von Adolf Frisé). Reinbek bei Hamburg 1978, S. 857. Dazu Anmerkungen S. 1774, 1784, 1801. – Zur Einschätzung dieses durchaus beiläufigen Hinweises auf Lichtenberg wird man bedenken müssen, daß Musil dazu neigte, sich gerade über bedeutende Anregungen oder ,Einflüsse' eher zurückhaltend zu äußern.
221 Frühe Kenntnis jedenfalls wird durch eine Tagebuchnotiz aus dem Jahre 1899 bezeugt: „Lichtenberg-Walther: Der sensible Körper usw." (wie Anm. 228, S. 103. – ,Walther' ist die später ,Gustl' benannte Figur der Novelle ,Tonka').

222 Wolfdietrich Rasch: Erinnerung an Robert Musil. In: Über Robert Musils Roman ‚Der Mann ohne Eigenschaften'. Göttingen 1967, S. 14.

223 Wie Anm. 169, S. 16.

224 Wie Anm. 169, S. 152.

225 Wie Anm. 221, S. 1029 (‚Skizze der Erkenntnis des Dichters', 1918).

226 Wie Anm. 169, S. 19.

227 Ausgeführt in meiner Göttinger Antrittsvorlesung: Zum Gebrauch des Konjunktivs bei Robert Musil. Zuerst in: Euphorion 55, 1961, S. 196–220. Überarbeitete Fassung in: Interpretationen Bd III (Deutsche Romane von Grimmelshausen bis Musil). Hrsg. von Joost Schillemeit. Frankfurt am Main 1966 u. ö., S. 290–318.

228 Robert Musil: Tagebücher. Hrsg. von Adolf Frisé. Reinbek bei Hamburg 1976, S. 644.

229 Wie Anm. 221, S. 1006 f.

230 Wie Anm. 169, S. 39, 40, 41.

231 Wie Anm. 221, S. 1028 und 1029 (‚Skizze der Erkenntnis des Dichters', 1918).

232 In K 69 – (Wenn mein Respekt vor den Linguisten der strikten Observanz mich nicht zügelte, hätte ich diesen § 15 wohl mit ‚Konjunktiv-Theologie' überschrieben.).

233 Wie Anm. 169, S. 19.

234 Vgl. in Lichtenbergs Sudelbüchern K 69, in Musils Tagebüchern (wie Anm. 228) S. 805 und 811.

235 Johann Jakob Breitinger: Critische Dichtkunst. Zürich/Leipzig 1740, S. 56 und 426.

236 Friedrich Schlegel: Philosophische Vorlesungen (1800–1807). 1. Teil. Hrsg. von Jean-Jacques Anstett (Krit. Friedrich-Schlegel – Ausg. 12. Bd, hrsg. von Ernst Behler). 1964, S. 42.

237 1931 im Essay ‚Literat und Literatur'. Wie Anm. 221, S. 1224.

238 Wie Anm. 169, S. 1886.

239 Wie Anm. 169, S. 16. Vgl. auch in den Studienblättern (ebd. S. 1881): „Pseudoobjektiviert: Dem Möglichkeitsmenschen entsprechen die noch nicht erwachten Absichten Gottes (21) Gott spricht im Conj. pot. (25)".

240 Karl S. Guthke: ‚Die Mehrheit der Welten'. Geistesgeschichtliche Perspektiven auf ein literarisches Thema im 18. Jahrhundert. In: Zeitschr. f. deutsche Philologie 97, 1978, S. 481 ff., hier 489.

Buchanzeigen

ALBRECHT SCHÖNE

*Götterzeichen, Liebeszauber, Satanskult*

Neue Einblicke in alte Goethetexte

2., unveränderte Auflage. 1982
230 Seiten mit 6 Abbildungen im Text. Leinen

Drei Dichtungen Goethes gelten die in diesem Buch enthaltenen Untersuchungen: der 1777 verfaßten Hymne ‚Harzreise im Winter‘, der 1796 entstandenen Elegie ‚Alexis und Dora‘ und der 1808 veröffentlichten Faust-Szene ‚Walpurgisnacht‘. Im Rückgriff auf ihre ursprünglichen Fassungen werden diese großen Kunstwerke hier von den Ablagerungen der Rezeptionsgeschichte, den Verkennungen und Mißverständnissen befreit, die das 19. Jahrhundert auf uns gebracht hat.

Ein Buch, „das uns in aller Bescheidenheit ‚Leseübungen‘ an ausgewählten Goethe-Texten offeriert – und in Wahrheit der brillanteste und gewiß auch anregendste Beitrag zum Goethe-Jahr 1982 genannt zu werden verdient“.  *Franz Josef Görtz, Frankfurter Allgemeine*

„ . . . das Buch des Göttinger Germanisten Albrecht Schöne (ist) ein Ereignis: Seit Jahren hat in Deutschland ein Professor nicht mehr so geschrieben, daß seine Forschungsarbeit wichtig wird für ein ganzes Volk. Schöne lehrt uns ein Hauptwerk deutscher Literatur mit neuen Augen zu sehen.“  *Rolf Michaelis, Die Zeit*

„Er läßt uns Kunst auf die schönste aller erlebbaren Weisen erleben, nämlich zum ersten Mal.“  *Peter Wapnewski, Der Spiegel*

„Wie das Urteil über das Gedenkjahr 1982 lauten wird, wissen wir nicht. Aber man geht kein prognostisches Risiko ein, wenn man sagt, daß die drei großen Versuche Albrecht Schönes weiterleben werden.“
*Hans Joachim Kreutzer, Süddeutsche Zeitung*

VERLAG C.H. BECK MÜNCHEN

# GEORG CHRISTOPH LICHTENBERG

# BRIEFWECHSEL

„Ich kriege posttäglich einen herrlichen Brief von Lichtenberg",
schrieb Georg Forster 1779. „Es ist wirklich was Köstliches, so einen
Korrespondenten in der Nähe zu haben." Und nie habe Lichtenberg
ihm einen Brief geschrieben, erklärte Jean André Deluc 1791, „aus
dem ich nicht etwas lernte". Ein solches Vergnügen und solche Belehrung bietet die neue Ausgabe des Lichtenbergschen Briefwechsels.

Was von den an Lichtenberg gerichteten und von ihm verfaßten
Briefen bisher veröffentlicht worden ist, nicht selten in gekürztem
oder entstelltem Wortlaut, verteilt sich auf mehr als 80 größere oder
kleinere, teilweise sehr entlegene Publikationen. Die hier ange-
kündigte Edition stellt das zusammen und druckt diese Briefe, wo
immer die handschriftlichen Originale noch verfügbar waren, nun
vollständig und buchstabengetreu. Darüberhinaus trägt sie aus Lichtenbergs Nachlaß und öffentlichem wie privatem Besitz des In- und
Auslandes zusammen, was an ungedruckten Briefen noch erreichbar
war; etwa zur Hälfte enthält sie unveröffentlichte Schreiben.

4 Bände von jeweils etwa 1000 Seiten werden insgesamt annähernd
3300 Briefe umfassen (davon ca. 800 als Regesten), chronologisch
geordnet, textkritisch bearbeitet und allgemein verständlich kommen-
tiert. Ein Registerband von etwa 300 Seiten mit erläuternden Perso-
nen- und Sachverzeichnissen, einem Korrespondentenkatalog und
anderen Orientierungshilfen wird diese Textbände ergänzen und er-
schließen.

Dem im Frühjahr 1983 erscheinenden ersten Band werden sich die
übrigen Bände in rascher Folge anschließen. Ende 1986 soll diese
Ausgabe vollständig vorliegen.

VERLAG C. H. BECK MÜNCHEN